极简开发者书库

极简C
新手编程之道

关东升◎编著

清華大学出版社

北京

内 容 简 介

本书是一本系统性介绍 C 语言编程和实际应用技术的图书,共 14 章,涵盖了 C 语言基本语法、数据类型、运算符、条件语句、循环语句、数组、指针、字符串、用户自定义数据类型和函数等方面的内容。此外,书中还介绍了 C 语言的高级内容,包括内存管理、文件读写和数据库编程。

本书每章后都配备了"动手练一练"实践环节,旨在帮助读者巩固所学内容,并在附录 A 中提供了练习答案,便于读者自测和巩固。此外,作者还提供了配套源代码、教学课件、微课视频及在线答疑服务,为读者提供全方位的学习帮助。

本书适合零基础入门的读者,可作为高等院校和培训机构的教材,可以帮助读者全面了解 C 语言编程和实际应用技术,掌握 C 语言编程方法。

图书在版编目(CIP)数据

极简 C:新手编程之道/关东升编著. —北京:清华大学出版社,2023.10
(极简开发者书库)
ISBN 978-7-302-64266-4

Ⅰ. ①极… Ⅱ. ①关… Ⅲ. ①C 语言—程序设计 Ⅳ. ①TP312.8

中国国家版本馆 CIP 数据核字(2023)第 138659 号

策划编辑:盛东亮
责任编辑:钟志芳
封面设计:赵大羽
责任校对:申晓焕
责任印制:沈 露

出版发行:清华大学出版社
　　　　网　　　址:https://www.tup.com.cn,https://www.wqxuetang.com
　　　　地　　　址:北京清华大学学研大厦 A 座　　邮　　编:100084
　　　　社 总 机:010-83470000　　　　　　　　　邮　　购:010-62786544
　　　　投稿与读者服务:010-62776969,c-service@tup.tsinghua.edu.cn
　　　　质量反馈:010-62772015,zhiliang@tup.tsinghua.edu.cn
　　　　课件下载:https://www.tup.com.cn,010-83470236
印 装 者:三河市龙大印装有限公司
经　　销:全国新华书店
开　　本:186mm×240mm　　印　张:10.5　　　　字　　数:239 千字
版　　次:2023 年 11 月第 1 版　　　　　　　　　印　　次:2023 年 11 月第 1 次印刷
印　　数:1~1500
定　　价:49.00 元

产品编号:102609-01

前言
PREFACE

为什么写这本书

C 语言是一门经典的编程语言,诞生于 20 世纪 70 年代初,已经有数十年的历史。尽管现在有很多编程语言可供选择,但 C 语言仍然是许多开发人员的首选语言,因为它是一种高效、可移植、可靠且被广泛使用的语言。然而,市面上的 C 语言图书往往过于厚重,难以为初学者所掌握,因此我们推出了《极简 C:新手编程之道》,旨在为初学者提供简单易懂的 C 语言入门指南。本书是"极简开发者书库"系列图书之一,"极简开发者书库"秉承讲解简单、快速入门和易于掌握的原则,是为新手入门而设计的系列图书。

读者对象

本书是一本讲解 C 语言基础的图书,非常适合零基础读者,不仅可作为高校和培训机构的 C 语言教材,也可供自学者使用。

相关资源

为了更好地为广大读者提供服务,本书提供配套源代码、教学课件、微课视频和在线答疑服务。

如何使用书中配套源代码

本书包括了 100 多个配套源代码,读者可以在清华大学出版社网站本书页面下载。

下载本书配套源代码并解压,会看到如图 1 所示的目录结构,其中 chapter1～chapter14 是本书第 1～14 章的示例代码。

如果打开第 6 章代码文件夹可见本章中所有的示例代码,如图 2 所示,其中每个文件对应一个示例,文件名称对应了所在章节的示例,例如"6.3.c"表示该示例是 6.3 节的示例。

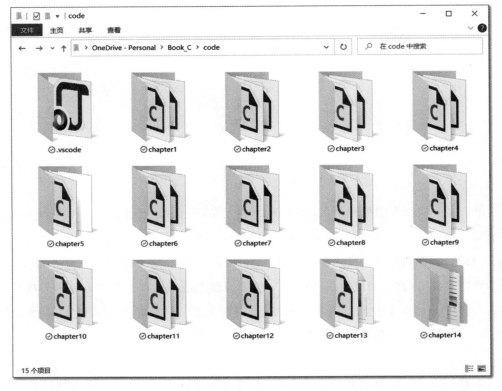

图 1　配套源代码目录结构

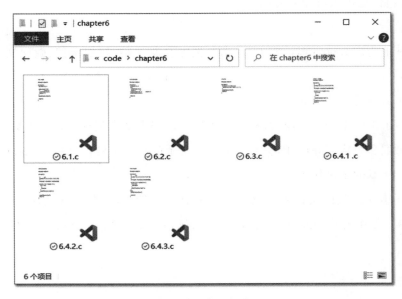

图 2　第 6 章示例代码

致谢

感谢清华大学出版社盛东亮等编辑提出的宝贵意见。感谢智捷课堂团队的赵志荣、赵大羽、关锦华、闫婷娇、王馨然、关秀华和关童心参与本书部分内容的编写。感谢赵浩丞手绘了书中全部插图,并从专业的角度修改书中图片,力求将本书内容更加真实完美地奉献给广大读者。感谢我的家人容忍我的忙碌,正是他们对我的关心和照顾,使我能抽出时间,投入精力专心编写此书。

鉴于 C 语言编程应用日新月异,而作者的水平有限,书中难免存在不妥之处,真诚欢迎各位读者提出宝贵修改意见,我们会认真倾听并在以后再版时改进。

编　者

2023 年 10 月

知 识 结 构
CONTENT STRUCTURE

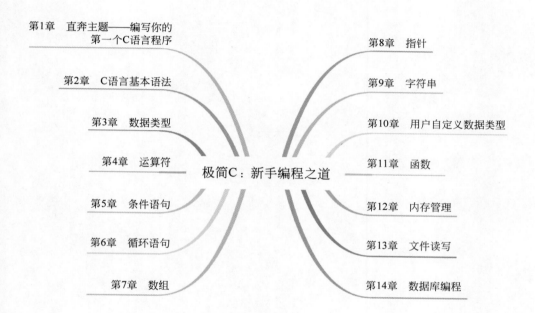

第1章　直奔主题——编写你的
　　　　第一个C语言程序

第2章　C语言基本语法

第3章　数据类型

第4章　运算符

第5章　条件语句

第6章　循环语句

第7章　数组

极简C：新手编程之道

第8章　指针

第9章　字符串

第10章　用户自定义数据类型

第11章　函数

第12章　内存管理

第13章　文件读写

第14章　数据库编程

目 录
CONTENTS

▶ 微课视频 32 分钟

▶ 微课视频 26 分钟

第 1 章

直奔主题——编写你的
第一个 C 语言程序

Hello World 程序一般是初学者学习编程的第一个程序,本章通过编写 Hello World 程序,使初学者熟悉 C 语言基本语法,以及程序的运行过程。

1.1 编写第一个 C 语言程序——Hello World

接下来编写第一个 C 语言程序——Hello World。

1.1.1 用记事本编写 Hello World 程序

C 语言程序可以使用任何的文本编辑工具编写,虽然使用 IDE 工具可以提高编写程序的效率,但是笔者建议初学者先使用记事本编写 C 语言程序,然后自己编译 C 语言程序,这样可以帮助读者了解 C 语言程序的运行过程。

下面笔者以 Windows 操作系统为例,介绍一下如何使用记事本等文本编辑工具编写和运行 C 语言程序,具体步骤如下。

（1）打开记事本并编写程序。在 Windows 操作系统中打开记事本，在记事本中编写如图 1-1 所示的程序代码，注意不要采用中文全角字符。在其他操作系统中可使用类似的文本编辑工具。

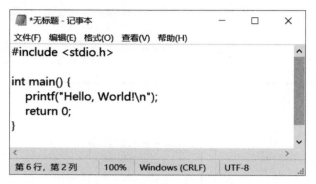

图 1-1　使用记事本编写程序

（2）保存程序文件。程序编写完成后，需要保存才能编译和运行，保存文件步骤如图 1-2 所示。

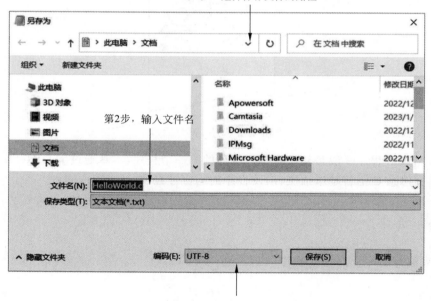

图 1-2　保存文件

1.1.2　编译 Hello World 程序

编写好的 C 语言程序文件，还不能直接运行，需要先被编译为可执行的二进制文件才能运行,将 C 语言程序文件(.c 文件)编译为可执行文件(.exe 文件)的过程如图 1-3 所示。

图 1-3 编译过程

1.2 配置编译器

将 C 语言程序文件编译为二进制文件,需要使用编译器,关键要找到合适的编译器,因为编译器不是跨平台的,读者需要根据自己的操作系统找到合适的编译器,笔者推荐使用 MinGW(Minimalist GNU[①] for Windows),MinGW 是将 GCC[②] 和 GNU Binutils[③] 移植到 Windows 平台下的产物,包括一系列头文件、库和可执行文件。

很多渠道都可以下载 MinGW,本书提供了一个 MinGW 版本,读者可从本书配套工具中找到 x86_64-8.1.0-release-posix-sjlj-rt_v6-rev0.zip 文件,然后将文件解压到一个特定的目录下,如图 1-4 所示,其中 mingw64 文件夹是从压缩包中解压出来的。

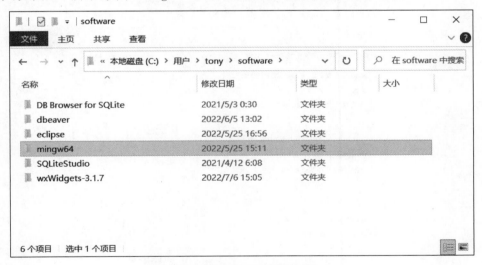

图 1-4 编译器解压后的目录

---

① GNU 是一个自由的操作系统,GNU 系统的设计类似 UNIX。
② GNU 编译器套装。
③ 一整套的编程语言工具。

　　编译器解压出来后，还需要配置环境变量，首先需要"环境变量设置"对话框，打开该对话框有很多方式，如果是 Windows 10 系统，则打开步骤是：在电脑桌面右击"此电脑"→"属性"，然后弹出如图 1-5 所示的 Windows 系统界面，单击右边的"高级系统设置"超链接，打开如图 1-6 所示的"系统属性"对话框。

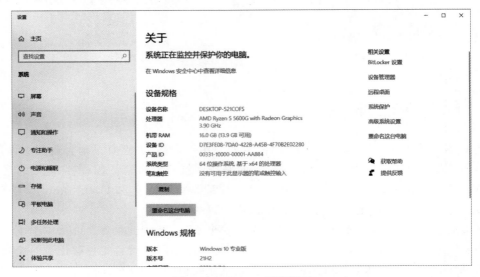

图 1-5　Windows 系统界面

图 1-6　"系统属性"对话框

在如图 1-6 所示的对话框中,单击"环境变量"按钮打开"环境变量"对话框进行设置,如图 1-7 所示,可以在"用户变量"(上半部分,只配置当前用户)或"系统变量"(下半部分,配置所有用户)选项框中添加环境变量。一般情况下,都是在"用户变量"中设置"环境变量"。

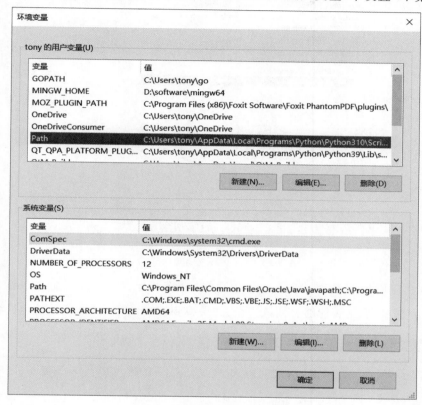

图 1-7　"环境变量"对话框

在"用户变量"部分单击"新建"按钮,弹出"编辑用户变量"对话框,如图 1-8 所示。将"变量名(N)"设置为 MINGW_HOME,将"变量值(V)"设置为编译器的安装路径,单击"确定"按钮完成设置。

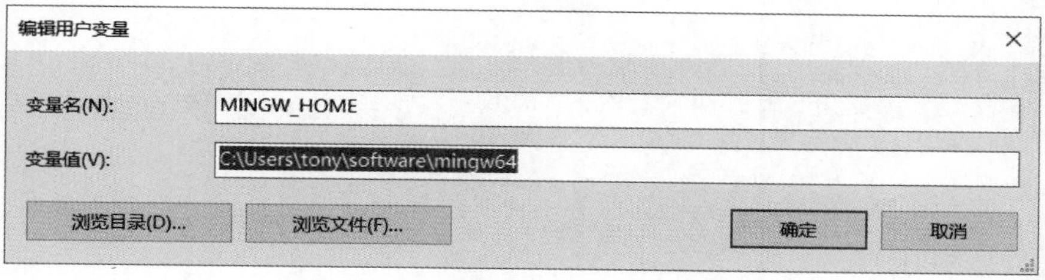

图 1-8　"编辑用户变量"对话框

然后追加图 1-7 中的 Path 环境变量,双击 Path 弹出如图 1-9 所示的对话框,进行 Path 变量编辑,单击右侧的"新建"按钮,输入％MINGW_HOME％\bin,单击"确定"按钮完成设置。

图 1-9　Path 变量编辑

下面测试环境设置是否成功，可以通过在"命令提示符"窗口的命令提示行中输入 gcc --version 指令，看是否能够找到该指令，如果找到，弹出如图 1-10 所示的运行结果，则说明环境设置成功。

提示　"命令提示符"窗口，可通过按 Windows＋R 快捷键打开如图 1-11 所示的"运行"对话框，然后在"打开(O)"栏中输入 cmd 命令，按 Enter 键即可。

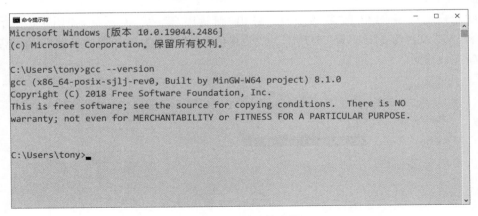

图 1-10　测试环境设置

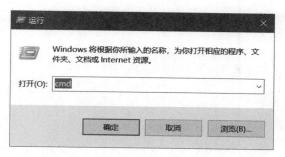

图 1-11 "运行"对话框

1.3 编译程序代码文件

编译器设置好之后,就可以编译 C 语言程序文件了。首先打开"命令提示符"窗口,然后进入文件所在的目录,如果 HelloWorld.c 文件位于 D 盘的 code 目录下,那么进入过程如图 1-12 所示。

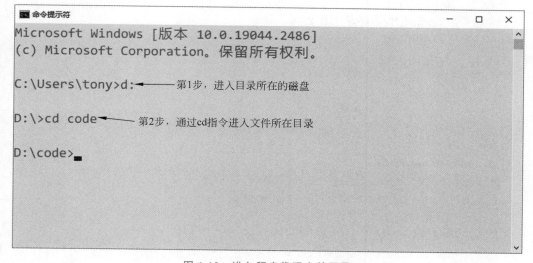

图 1-12 进入程序代码文件目录

进入之后执行编译指令,如图 1-13 所示,编程成功后会在当前目录下生成 hello.exe 文件,在当前"命令提示符"窗口中运行 hello.exe 文件,即输出"Hello World!"。

另外,如果程序文件中包含中文字符,如图 1-14 所示,就是包含中文字符的程序文件 HelloWorld-2.c,则编译 HelloWorld-2.c 文件后,执行生成的.exe 文件会有中文乱码,如图 1-15 所示。

产生乱码的原因是因为在 Windows 系统中"命令提示符"窗口中输入和输出的字符编码是 GBK(简体中文字符集),而文件的字符集是 UTF-8 字符串。

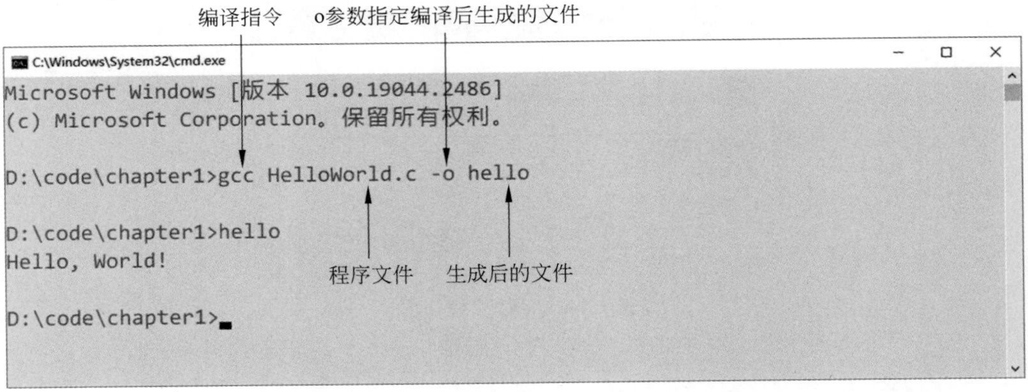

编译指令　　o参数指定编译后生成的文件

```
C:\Windows\System32\cmd.exe                                    —    □    ×

Microsoft Windows [版本 10.0.19044.2486]
(c) Microsoft Corporation。保留所有权利。

D:\code\chapter1>gcc HelloWorld.c -o hello

D:\code\chapter1>hello
Hello, World!

D:\code\chapter1>
```

程序文件　生成后的文件

图 1-13　编译文件

```
HelloWorld-2.c - 记事本                         —    □    ×
文件(F)  编辑(E)  格式(O)  查看(V)  帮助(H)
#include <stdio.h>

int main() {
    printf("世界您好！\n");
    return 0;
}

                      第 4 行, 第 17 列   120%   Windows (CRLF)   UTF-8
```

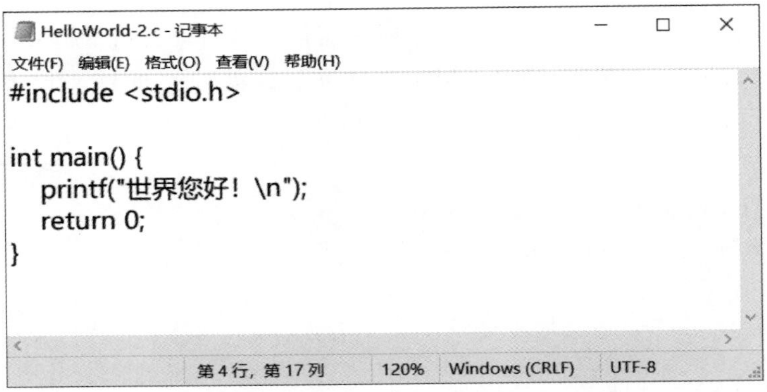

图 1-14　包含中文字符的程序文件

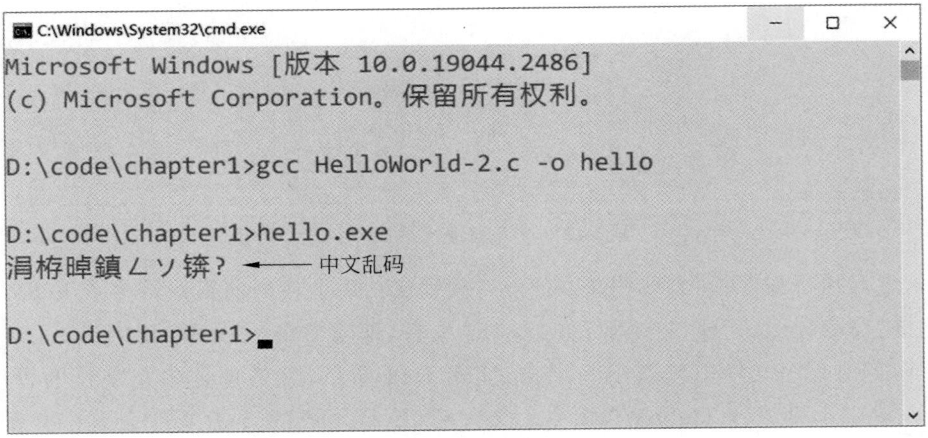

```
C:\Windows\System32\cmd.exe                                    —    □    ×

Microsoft Windows [版本 10.0.19044.2486]
(c) Microsoft Corporation。保留所有权利。

D:\code\chapter1>gcc HelloWorld-2.c -o hello

D:\code\chapter1>hello.exe
涓栫晫鎮ㄥソ锛？  ◀——— 中文乱码

D:\code\chapter1>
```

图 1-15　中文乱码

为了解决上述的中文乱码问题，有如下两种方法：

（1）修改文件字符集为 GBK。修改文件字符集可以使用"记事本"打开文件，然后再选择"另存为"命令,打开"另存为"对话框,如图 1-16 所示,在"编码"下拉列表框中选择 ANSI (在 Windows 系统中即为 GBK),选择完成后单击"保存"按钮保存文件。

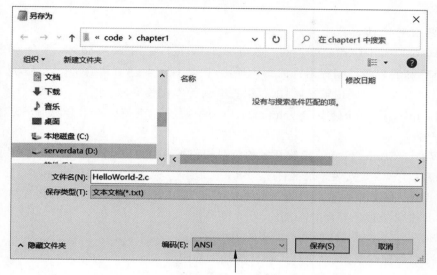

下拉列表中选择ANSI

图 1-16　改变文件字符集

（2）编译指定字符集。如果需要修改字符集的文件有很多,开发人员又不愿意逐个文件修改,则可以在编译时添加-fexec-charset＝GBK 参数,该编译参数会将编译后的.exe 文件的字符集设置为 GBK,添加编译参数如图 1-17 所示。

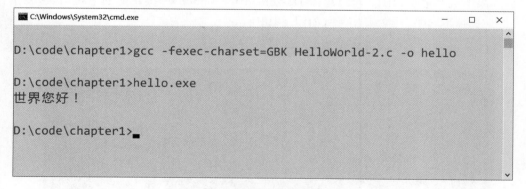

图 1-17　添加编译参数

从图 1-17 可见,重新编译文件后,执行结果不会有乱码了。

1.4　用 IDE 工具编写 Hello World 程序

使用记事本编写 C 语言程序真是太难了,很多关键字容易写错,开发效率很低,为了提高开发效率，可以使用集成开发环境（Integrated Development Environment，IDE）工具。IDE 工具支持关键字和函数的高亮显示（不同颜色显示），还支持编译、运行和调试 C 语言程序。

常用的 IDE 工具如下。

（1）Visual Studio：微软开发的一款 IDE 工具，被广泛用于 Windows 平台，可根据用户的需要，选择和安装多种编程语言的编译环境，比如 C、C♯、VB 语言等。正因为如此，其安装包一般较大，安装时间也较长，但配置第三方依赖库比较容易。

（2）Eclipse IDE for C/C Developers：Eclipse 基金会支持的一个开源 IDE 工具，开源、免费、跨平台。

（3）Visual Studio Code：微软开发的免费的跨平台 IDE 工具，支持多种编程语言，要想开发 C 语言程序，需要安装扩展插件。

（4）Clion：JetBrains 公司开发的收费的 C 语言 IDE 工具，功能强大，具有与 JetBrains 公司的 IDE 工具类似的界面和功能。

（5）Dev-C：一款免费的、简洁小巧的 IDE 工具。

综合考虑各种因素，本书重点推荐使用易学易用的 Visual Studio Code 工具，下面先介绍 Visual Studio Code 工具的下载、安装、配置和使用。

1.4.1 下载和安装 Visual Studio Code

Visual Studio Code 的下载地址是 https://code.visualstudio.com/，打开下载页面如图 1-18 所示，单击 Download for Windows 按钮可以下载 Windows 的 Visual Studio Code 工具，如果下载其他平台工具可以单击 Download for Windows 按钮上的下拉箭头，在下拉列表框中选择不同平台的安装文件，如图 1-19 所示。

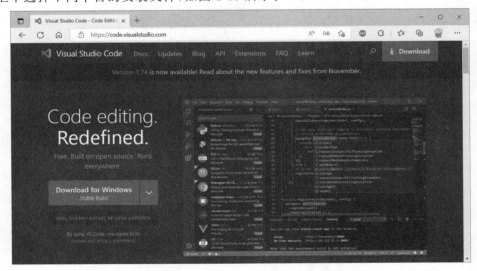

图 1-18　Visual Studio Code 下载页面

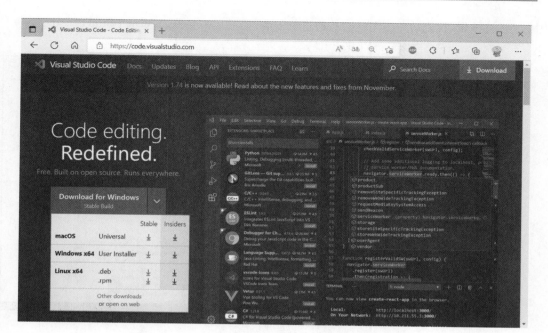

图 1-19　Visual Studio Code 在不同平台的安装文件下载

　　下载 Visual Studio Code 安装文件成功后，就可以安装了，安装过程非常简单，这里不再赘述。安装完成后启动 Visual Studio Code，其欢迎界面如图 1-20 所示。如果读者对于深色主题不喜欢，可以单击"管理"按钮，然后在弹出的菜单中选择"颜色主题"选项，就可以选择喜欢的主题了。

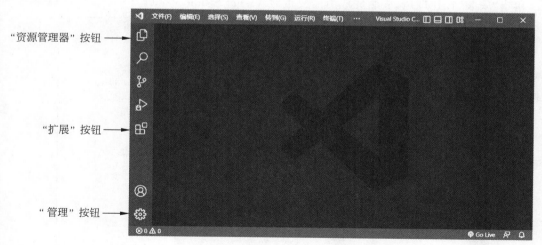

图 1-20　Visual Studio Code 欢迎界面

　　另外，有时 Visual Studio Code 界面不是简体中文，可以安装简体中文扩展（插件），安装扩展步骤：单击图 1-20 中的"扩展"按钮，在如图 1-21 所示的"扩展：商店"搜索栏中输入关键字

"中文"进行搜索，找到后单击"安装"按钮进行安装，完成后需要重启 Visual Studio Code。

图 1-21　安装简体中文扩展

1.4.2　配置 Visual Studio Code

为了能够开发 C 语言程序，需要安装 C 语言扩展，单击"扩展"按钮，在"扩展：商店"搜索栏中输入关键字"C"进行搜索，如图 1-22 所示，找到 C/C++ 扩展，它可以用于 C 语言开发，单击"安装"按钮即可，安装完成后需要重启 Visual Studio Code。

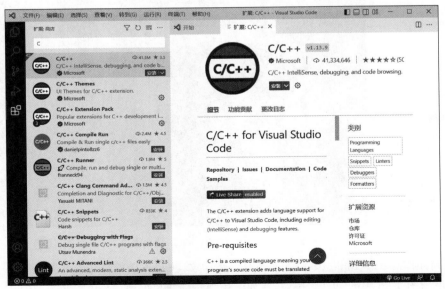

图 1-22　安装 C 语言扩展

1.4.3 使用 Visual Studio Code 编写 Hello World 程序

Visual Studio Code 是通过文件夹来保存程序文件的,读者需要选定一个文件夹保存程序文件,通过选择"文件"→"打开文件夹"命令,然后在弹出的对话框中选择准备好的文件夹即可。

> **注意** Visual Studio Code 中用于保存程序文件的文件夹的路径不能有中文。

1. 创建 C 语言程序文件

打开文件夹后,可以在该文件夹中创建文件,通过选择"文件"→"新建文件"命令创建新文件,但是新文件没有文件类型,所以在编写程序之前应该先保存为 HelloWorld.c 文件,如图 1-23 所示,这样 Visual Studio Code 能够识别出这是 C 语言的程序文件。

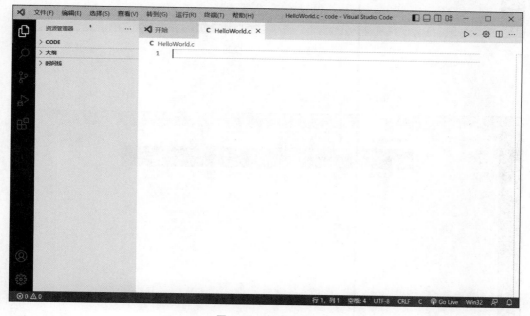

图 1-23 创建文件

文件创建完成后,在程序窗口中编写程序,如图 1-24 所示。

2. 运行程序

程序编写完成后就可以运行了,运行过程如图 1-25 所示,运行结果如图 1-26 所示,会在终端窗口中输出"Hello,World!"字符串。

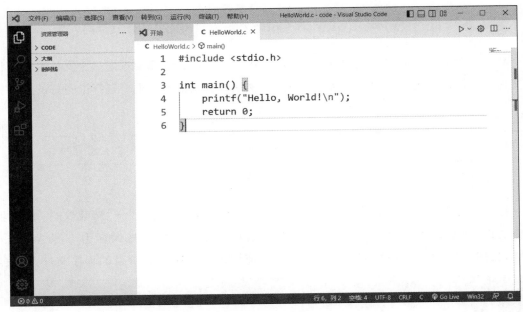

图 1-24　编写程序

第2步，选择该选项　　　　　　　　　　　　第1步，单击"运行"按钮

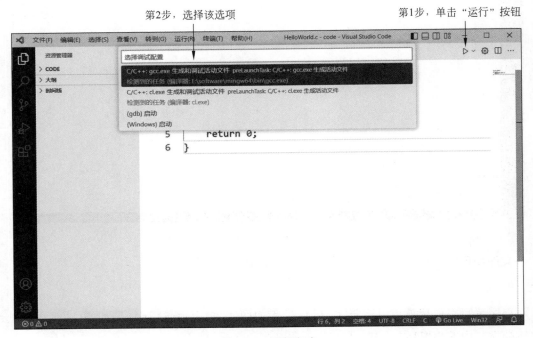

图 1-25　运行程序

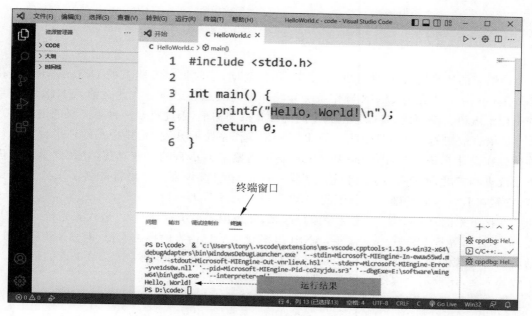

图 1-26 运行结果

1.5 程序代码解释

经过前面的介绍,读者应该了解了如何创建一个 C 语言应用程序,但可能还是对其中的一些代码不甚了解,下面来详细解释 HelloWorld 示例中的代码。

```
# include < stdio. h >                    ①

int main() {                              ②
    printf("Hello, World! \n");           ③
    return 0;                             ④
}
```

（1）代码第①行 include 是预处理指令,告诉编译器要包含的头文件,stdio. h 是 C 语言标准库之一,头文件中定义了一些函数来执行输入和输出操作,例如代码第③行的 printf() 函数,有关头文件将在第 11 章详细介绍,读者只需要记住如果没有代码第①行的包含头文件,则代码第③行的 printf() 函数是无法被找到的,会有编译错误发生。

（2）代码第②行是主函数,是程序的入口。

（3）代码第③行 printf() 函数是打印字符串"Hello, World!"和换行符到屏幕台,其中"\n"是换行符。

（4）代码第④行返回程序的执行状态,结束主函数,0 一般表示程序正常结束,负数一般表示程序有异常。

1.6　回头看看 C 语言的那些事

　　C 语言的历史可以追溯到 20 世纪 70 年代初期，当时贝尔实验室的 Dennis Ritchie 和 Ken Thompson 正在为 UNIX 操作系统开发一种高级编程语言。在此之前，UNIX 操作系统是用汇编语言编写的，难以移植到不同的计算机架构上，因此需要一种更高级的语言。

　　C 语言最初的设计目标是为了简化 UNIX 操作系统的开发，尤其是在硬件平台上进行移植。在设计 C 语言时，Ritchie 和 Thompson 借鉴了 B 语言的一些思想，并在此基础上进行了改进和扩展，最终于 1972 年完成了第一个 C 语言编译器。C 语言的名字来自于 B 语言，它是在 B 语言的基础上进行了改进，C 字母比 B 字母大一位。

　　在接下来的几年中，C 语言逐渐流行起来，并被用于系统软件开发、嵌入式系统、游戏开发、科学计算等各个领域。1983 年，ANSI 组织制定了 C 语言的标准规范，即 ANSI C 标准；随后 ISO 也发布了 C 语言的国际标准，即 ISO C 标准。这些标准规范了 C 语言的语法、库函数等方面，使得不同编译器和平台上的 C 语言代码可以达到相同的语义。

　　随着计算机技术的不断发展，C 语言一直保持着它的重要地位，并在很多领域得到广泛的应用。同时，C 语言也为后来的编程语言设计提供了很多启示和借鉴。

1.7　C 语言的特点

　　C 语言是一种面向过程的程序设计语言，具有以下特点：

　　(1) 简洁高效：C 语言的语法相对简洁，使得程序的编写效率很高；同时，C 语言可以直接访问内存，运行速度非常快。

　　(2) 可移植性好：C 语言的源代码可以在不同的平台上进行编译和运行，这使得程序的移植性非常好。

　　(3) 库函数丰富：C 语言提供了许多标准库函数，可以完成各种常见的任务，如文件操作、字符串处理、内存分配等。

　　(4) 语言特性灵活：C 语言提供了很多底层特性，如指针、位运算、结构体等，可以灵活地实现各种算法和数据结构。

1.8　动手练一练

编程题

　　(1) 通过记事本编写 C 语言程序 greeting.cpp，在控制台输出字符串"你好，世界！"

　　(2) 将第(1)题编写的 C 语言程序 greeting.cpp，编译成 greeting.exe 可执行文件。

第 2 章

C 语言基本语法

第 1 章介绍了如何编写和运行一个 Hello World 的 C 语言程序,读者应该对于编写和运行 C 语言程序有了一定了解,本章介绍 C 语言中的一些最基本的语法,其中包括标识符、关键字、常量、变量、语句、注释和命名空间等内容。

2.1 关键字与标识符

微课视频

在第 1 章中的 HelloWorld 程序代码中,有很多单词,这些单词就是关键字或标识符。

2.1.1 关键字

关键字是计算机语言定义好的字符序列,有着特殊的含义,不能挪作他用。C 语言的关键字有 32 个,如表 2-1 所示。

表 2-1　C 语言关键字

auto	break	case	char	const	continue	default	do
double	else	enum	extern	float	for	goto	if
int	long	register	return	short	signed	sizeof	static
struct	switch	typedef	union	unsigned	void	volatile	while

对于这些关键字，不需要把它们全背下来，笔者也不会在这里一一介绍每一个关键字，而是在随后的学习过程中，在用到时候再介绍，读者只需注意 C 语言所有关键字都是小写即可。

2.1.2　标识符

在 HelloWorld 程序中，除了关键字外，还有函数名（如：main）等字符序列，这些就是标识符。

标识符是由程序员自己指定名字，例如：常量、变量、函数和结构体等。构成标识符的字符均有一定的规范，C 语言中标识符的命名规则如下：

（1）区分大小写：Name 和 name 是两个不同的标识符。

（2）标识符可以包含字母、数字和下画线（_），但数字不能作为首字符。

（3）关键字不能作为标识符。

例如下列标识符是合法的：

identifier、userName、User_Name 和 _sys_val。

而下列标识符是非法的：

2mail、room♯、$ Name 和 struct。

💡提示　2mail 是非法的标识符，是因为它以数字开头，room♯ 非法是因为包含非法字符 ♯，struct 非法是因为它是关键字，$ Name 非法是因为包含 $ 符，但是需要注意的是，虽然 $ Name 使用 GCC 编译器不会有编译错误，但是这样的命名，在使用其他编译器进行编译时，可能会有编译错误发生，因此请读者不要在标识符中包含 $ 符！

微课视频

2.2　C 语言分隔符

在 C 语言源代码中有一些起分隔代码作用的字符，称为分隔符。C 语言分隔符主要有分号（;）、大括号（{}）和空白。

2.2.1　分号

分号是 C 语言中最常用的分隔符，它表示一条语句的结束，示例代码如下：

```
// 2.2.1 分号
int main() {
```

```
    int totals1 = 1 + 2 + 3 + 4;              ①

    int totals2 = 1 + 2                       ②
        + 3 + 4;                              ③
    return 0;
}
```

上述代码第①行表示一条语句；代码第②和第③行虽然是两行代码，但是是一条语句。

2.2.2　大括号

C语言中以一对大括号({})括起来的语句集合称为语句块(block)或复合语句，语句块中可以有 0～n 条语句，示例代码如下：

```
// 2.2.2 大括号
# include < stdio.h>
int main() {                                  ①
  int m = 5;

  if (m < 10) {                               ②
    printf("m < 10\n");
  }                                           ③
  return 0;
}                                             ④
```

上述代码第①行的左大括号({)表示 main 函数作用范围的开始，它与代码第④行的右大括号(})是一对。

上述代码第②行的左大括号({)表示 if 语句作用范围的开始，它与代码第③行的右大括号(})是一对。

2.2.3　空白

在 C 语言源代码元素之间允许有空白，空白的数量不限。空白包括空格、制表符(Tab 键输入)和换行符，适当的空白可以改善源代码的可读性。例如下面 3 条 if 语句是等价的：

```
// 2.2.3 空白
# include < stdio.h>
int main() {

  int m = 5;

  if (m < 10)              {                  ①
    printf("<< m < 10");
  }

  if (m < 10)              {                  ②
    printf("m < 10");
  }
```

```
    if (m < 10) {                              ③
        printf("m < 10");
    }
    return 0;
}
```

上述代码第①行"）"和"{"之间有很多空格，上述代码第②行"）"和"{"之间有很多制表符。

微课视频

2.3　注释

C 语言代码中为了说明解释代码含义往往需要进行注释。C 语言中注释的语法有两种：单行注释（//）和多行注释（/ * … * /）。

2.3.1　单行注释

单行注释常常用于某行代码说明或解释，可用在语句之前或语句之后。示例代码如下：

```
// 2.3.1 单行注释                                ①
# include < stdio.h >
int main() {

    // 声明并初始化变量 m
    int m = 5;

    if (m < 10) { // 判断变量 m 是否小于 10         ②
        printf ("m < 10\n");
    }
    return 0;
}
```

上述代码第①行是代码之前注释，代码第②行是在语句之后注释。

2.3.2　多行注释

多行注释就是可以注释多行代码，主要用于整个代码块注释，表示这块代码暂时不再需要，或当注释说明的文字很多时使用，示例代码如下：

```
// 2.3.2 多行注释

/ *                                            ①
Name        : hello.cpp
Author      : 关东升
Version     : 1.0
Copyright   : 版权为智捷东方科技有限公司
Description : 2.3.2 多行注释示例
* /                                            ②
```

```
# include < stdio.h >

int main() {
  int m = 5;
/ *                                              ③
  if (m < 10) {
    printf("m < 10");
  }

  if (m < 10) {
    printf("m < 10");
  }
* /                                              ④
  if (m < 10) {
    printf("m < 10");
  }
  return 0;
}
```

上述代码第③～④行也是多行注释,这是注释掉暂时不使用的代码。

2.4　变量

变量是构成表达式的重要部分,所代表的内容是可以被修改的。变量包括变量名和变量值,变量名要遵守标识符命名规则。

2.4.1　声明变量

在 C 语言中声明变量的最基本语法格式为:

数据类型 变量名 [= 初始值];

注意,中括号([])中的内容可以省略,也就是说在声明变量时可以不提供初始值。

声明变量的示例代码如下:

微课视频

```
// 2.4.1 声明变量
# include < stdio.h >

int main() {
  int age;                    // 声明变量 age               ①
  printf("打印变量 age: % d\n", age);                        ②
  age = 17;                   // 初始化变量 age 内容是 17      ③
  printf("打印变量 age: % d\n", age);

  int m = 100;                // 声明并初始化变量 m           ④
  printf("打印变量 m: % d\n", m);


  float d1, d2, d3;           // 一次声明多个变量
```

```
    int b = 90, c = 150;              // 一次声明并初始化多个变量
    printf("变量 b = %d,变量 c = %d\n", b, c);

    return 0;
}
```

上述代码第①行声明 age 变量,但没有初始化,编译器会根据数据类型默认值初始化变量,int 类型变量的默认值是 0。

（1）代码第②行打印变量 age,其中"%d"是字符串格式转换控制符,有关字符串格式转换控制符将在 2.6 节详细介绍。

（2）代码第③行是初始化变量 age。

（3）代码第④行声明并初始化变量 m。

（4）代码第⑤行一次声明多个变量,多个变量之间用逗号(,)分隔。

（5）代码第⑥行一次声明多个变量,并初始化多个变量。

上述示例代码运行后,程序输出结果如下：

```
打印变量 age: 0
打印变量 age: 17
打印变量 m: 100
变量 b = 90,变量 c = 150
```

微课视频

2.4.2　变量作用域

变量作用域是指可以访问该变量的代码范围。一般情况下,确定作用域有以下规则：

（1）局部变量(也称本地变量,或自动变量)作用域是它所在的代码中,即大括号封闭的范围内,例如,for、while 或类似语句中声明变量,就是局部变量,它们的作用域就是该语句控制的大括号封闭的范围内。

（2）全局变量,在函数外部声明的变量,称为全局变量,它的作用域是整个代码文件。

变量作用域的示例代码如下：

```
// 2.4.2 变量作用域
# include < stdio.h>

// 声明全局变量
int x = 100;                               ①

void func() {
    // 声明局部变量 x
    int x = 300;                           ②
    printf("打印局部变量 x 值是:%d\n", x);
}

int main() {
    printf("打印全局变量 x 值是:%d\n", x);
    // 修改全局变量 x
```

```
    x = 200;                                            ③
    // 调用 func() 函数
    func();
    printf("打印全局变量 x 值是: % d\n", x);

    return 0;
}
```

上述代码第①行在 func() 和 main() 函数外声明变量 x,它的作用域是当前代码文件,它是全局变量。

代码第②行在 func() 函数内声明局部变量 x,它的作用域是当前 func() 函数,它与全局变量 x 名称相同,因此它会屏蔽全局变量 x。

代码第③行在 main() 函数内修改全局变量 x。

运行程序后输出结果如下:

```
打印全局变量 x 值是: 100
打印局部变量 x 值是: 300
打印全局变量 x 值是: 200
```

2.4.3　使用 auto 关键字声明变量

微课视频

声明局部变量时还可以使用 auto 关键字,语法如下。

auto 变量类型 变量名 [= 初始值];

这里 auto 关键字也可以省略,与 2.4.1 节声明变量语法没有区别,因此实际上 auto 关键字很少使用。

使用 auto 关键字示例代码如下:

```
// 2.4.3 使用 auto 关键字声明变量
# include < stdio. h>

int main() {
    auto int age = 18;                      // 声明局部变量 age
    printf("打印变量 age: % d\n", age);
    float m = 3.1415926;                    // 声明变量 m 省略 auto 关键字
    printf("打印变量 m: % f\n", m);
    return 0;
}
```

运行程序后输出结果如下:

```
打印变量 age: 18
打印变量 m: 3.1415926
```

2.5　常量

微课视频

常量事实上是内容不能被修改的量,常量与变量类似,也需要初始化,即在声明常量的同时要赋予一个初始值。常量一旦初始化就不可以被修改。使用常量的目的有两个：

（1）提高代码可读性。

（2）提高程序健壮性。

声明常量的语法格式为：

const 数据类型 常量名 = 初始值；

使用常量示例如下：

```
// 2.5 常量
#include <stdio.h>

int main() {
    // 声明两个常量
    const int FEMALE = 0;       // 0 表示女            ①
    const int MALE = 1;         // 1 表示男            ②

    // 常量不能被修改
    FEMALE = 1;                 // 发生编译错误          ③
    return 0;
}
```

上述代码第①行和第②行声明常量使用 const 关键字，另外声明常量的同时必须初始化。

代码第③行试图修改常量，发生编译错误。

2.6 输出与输入

程序在运行时往往会涉及从设备中读取数据，或往设备中写入一些数据。通常情况下，标准输入设备是键盘，标准输出设备是屏幕。在 C 语言的标准库中定义了一些输入和输出函数，本节分别介绍一些输入和输出函数。

2.6.1 输出函数

微课视频

stdio.h 头文件中定义的最基本输出函数是 printf()，该函数将其参数按照规定的格式输出到标准设备中，即显示在屏幕上。printf()函数的语法格式如下：

```
int printf(const char *format, ...);
```

其中，参数 format 是格式转换控制符；"…"表示一定数量的要插入 format 中的参数列表。

format 中包含了两种类型的字符。

（1）普通字符，普通字符将原封不动地输出到标准输出设备。

（2）格式转换控制符，用于控制 printf()函数中参数的转换，每个转换控制符都由一个百分号字符（%）开始，常用的格式转换控制符如表 2-2 所示。

表 2-2　格式转换控制符

控　制　符	说　　　明
s	字符串
d	十进制整数
f、F	十进制浮点数
c	字符数据
e、E	科学记数法表示浮点数
o	八进制整数，符号是小写英文字母 o
x、X	十六进制整数，x 是小写表示，X 是大写表示

使用 printf() 函数示例代码如下：

```c
// 2.6.1 输出函数
# include < stdio.h >

int main() {
  char name[] = "Mary";
  int age = 18;
  float money = 12345.678;
  printf("％s 芳龄％d,工资￥％.2f.", name, age, money);
  return 0;
}
```

上述代码通过 printf() 函数格式化输出字符串，其中包括了 3 个格式转换控制符，如图 2-1 所示，其中，格式转换控制符"％s"会将字符串类型参数 name 转换为字符串并替换％s 输出；格式转换控制符"％d"会将整数类型参数 age 转换为字符串并替换％d 输出；格式转换控制符"％.2f"会将浮点类型参数 money 转换为字符串并替换％.2f 输出，注意.2f 表示格式为浮点数，四舍五入保留小数后两位。

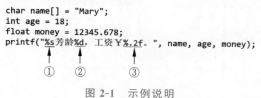

图 2-1　示例说明

上述代码执行结果如下：

Mary 芳龄 18,工资￥12345.678。

2.6.2　输入函数

微课视频

在 stdio.h 头文件中定义的最基本输入函数是 scanf()，该函数按照指定的格式从标准输入设备中读取数据到指定的变量之中。scanf() 函数的语法格式如下：

```c
int scanf(const char * format, ...);
```

其中参数 format 是格式转换控制符；"…"表示一定数量的要接收用户的数据变量列表。

使用 scanf() 函数示例代码如下：

```
// 2.6.2 输入函数
# include < stdio.h>

int main() {
  int a;                        // 声明整数类型变量 a,用来保存从键盘读取数据
  float b;                      // 声明浮点类型变量 b,用来保存从键盘读取数据
  printf("输入一个整数:");
  scanf(" % d", &a);           // 从键盘读取数据到变量 a        ①
  printf("输入一个浮点数:");
  scanf(" % f", &b);           // 从键盘读取数据到变量 b        ②
  printf("A : % d B : % 0.2f", a, b);   // 打印变量 a 和 b
  return 0;
}
```

上述代码第①行使用 scanf() 函数读取数据到变量 a 中,scanf() 函数的第一个参数是格式转换控制符,需要注意,接收的变量数据类型与格式转换控制符存在对应关系,这种对应关系如表 2-3 所示。

另外,scanf() 函数的第二个参数 &b 是获取变量 a 的地址。

代码第②行使用 scanf() 函数读取数据到变量 b 中。

表 2-3　变量数据类型与格式转换控制符对应关系

变量数据类型	格式转换控制符	变量数据类型	格式转换控制符
int	% d	long long int	% lli
char	% c	unsigned long int	% lu
float	% f	unsigned long long int	% llu
double	% lf	signed char	% c
short int	% hd	unsigned char	% c
unsigned int	% u	long double	% Lf
long int	% li		

2.7　预处理器

C 语言编译器在编译源代码之前,首先要对源代码进行扫描,完成包含文件、宏替换和条件编译等操作。

所有的预处理指令都是以井号(♯)开头,预处理指令要放在所有函数之外,而且一般都放在源文件的前面。

C 语言提供了多种预处理功能,如包含文件、宏定义和条件编译等。

微课视频

2.7.1 包含文件

包含文件是通过♯include指令实现,在预处理阶段,预处理器会将包含文件的内容复制到♯include指令处,得到新的文件,然后对新的文件进行编译。

一般情况下包含文件分为两种:①.h文件(头文件);②.c文件(代码文件)。

♯include指令有两种形式:

(1)♯include "包含文件",文件名在双引号中,预处理器首先在当前目录中或文件名指定的目录中查找文件,如果未找到再查找系统目录。

(2)♯include <包含文件>,文件名在尖括号中,预处理器在系统目录中查找文件,第1章中的HelloWorld示例中的stdio.h头文件就是采用这种方式包含。

2.7.2 宏定义

微课视频

宏定义是通过指令♯define实现的,所谓宏定义,就是用一个标识符表示一个字符串,这个标识符称为宏名,在预处理过程中,预处理器会把源程序中所有宏名替换成指定的字符串,这个过程称为宏替换。

关于宏定义的一个常见应用是定义数值常量的名称,宏定义的示例代码如下:

```
// 2.7.2 宏定义

#include < stdio. h >
#define PI 3.1415          // 宏定义 PI              ①

int main() {
  float radius, area;
  printf("请输入圆形半径: ");
  scanf("%f", &radius);
  // 计算圆形面积
  area = PI * radius * radius;
  // 打印圆形面积
  printf("圆形面积 = %.2f", area);

  return 0;
}
```

上述代码第①行定义宏PI,PI是宏名,注意定义宏的语句结尾不用加分号(;),在源代码预处理时会将代码第①行PI名称替换为3.1415。

2.7.3 定义带参宏

微课视频

定义宏时还可以带有参数,使用起来与函数类似,有关函数的内容将在第11章详细介绍,定义带参宏示例代码如下:

```
// 2.7.3 定义带参宏
```

```
# include < stdio. h >

// 定义宏                                         ①
# define MAX(a, b)          \                    ②
  {                          \
    printf(" % d ", a);      \
    printf(" % d\n", b);     \
  }

int main() {
  MAX(4, 5);                                      ③
  return 0;
}
```

上述代码第①～②行定义宏 MAX，它有两个参数，即 a 和 b，需要注意的是定义宏时，后面的字符串必须在同一行，如果宏后面的字符串很长，需要换行时，可以使用反斜杠（\）连接，此时反斜杠称为续行符。

代码第③行是调用宏 MAX，形式参数 a 和 b，会被替换为实际参数 4 和 5。

上述程序运行时输出结果如下：

4 5

另外，如果想取消已定义的宏，可以使用指令 ♯undef。下面的示例代码是取消已经定义的宏 MAX。

```
# undef MAX
```

微课视频

2.7.4　条件编译

一般情况下，除了注释语句外，其他的每一行代码都要参加编译，但有时只希望对其中一部分代码进行编译，此时需要条件编译。C 语言中的预处理器提供常见的条件编译指令如表 2-4 所示。

表 2-4　常见的条件编译指令

条件编译指令	说　　明
♯if	如果条件为真，则执行相应操作
♯elif	如果前面条件为假，而该条件为真，则执行相应操作
♯else	如果前面条件均为假，则执行相应操作
♯endif	结束相应的条件编译指令
♯ifdef	如果该宏已定义，则执行相应操作
♯ifndef	如果该宏没有定义，则执行相应操作

条件编译指令可以组合成多种结构，但主要有 3 种结构。

1．♯if-♯endif 结构

♯if 指令的测试条件为 true（或非 0），则 ♯if 和 ♯endif 之间的所有行都被编译。

> 🎯**提示** C语言中 0 表示 false,非 0 表示 true。

示例代码如下:

```
// 2.7.4 1.＃if－＃endif 结构

＃include < stdio. h >
void main() {
  printf("A");
＃if 5 < 8                        ①
  printf("你好");
  printf("C");                    ②
＃endif
  printf("B");
}
```

上述代码第①行"＃if 5<8"指令测试表达式 5<8 是否为 true,由于测试结果为 true,所以第①~②行之间的代码会被编译。

上述程序运行时输出结果如下:

A 你好 CB

2.　＃if-＃else-＃endif

如果＃if 指令的测试条件为 true(或非 0),则＃if 和＃else 之间的所有行都被编译;否则＃else 和＃endif 之间所有行都不会被编译。

示例代码如下:

```
// 2.7.4 2.＃if－＃else－＃endif

＃include < stdio. h >
void main() {
  printf("你好");
＃if 2 － 5                        ①
  printf("A");
  printf("B");
＃else
  printf("C");
  printf("D");
＃endif                           ②
  printf("E");
}
```

上述代码第①行"＃if 2-5"指令测试表达式 2-5 是否为非 0,由于测试结果为 true,所以第①~②行之间的代码会被编译。

上述程序运行时输出结果如下:

你好 ABE

3. ♯if-♯elif-♯else-♯endif

如果♯if 指令的测试条件为 false(或 0)，则♯if 和♯elif 之间所有行不会被编译；然后执行♯else 指令测试条件，如果结果也为 false(或 0)，则♯elif 和♯else 之间所有行不会被编译；如果所有的♯else 分支测试结果都是 false(或 0)，则♯else 和♯endif 之间的所有行会被编译。

示例代码如下：

```
// 2.7.4 3. ♯if - ♯elif - ♯else - ♯endif

♯include < stdio.h>
void main() {
  printf("你好");
♯if 5 - 5                          ①
  printf("A");
  printf("B");
♯elif 5 < 0                        ②
  printf("C");
  printf("D");
♯else                              ③
  printf("E");
♯endif
  printf("再见!");
}
```

上述代码第①行"♯if 5-5"指令测试表达式 5-5 是否为 0，由于测试结果为 false(或 0)，所以第①～②行之间的代码不会被编译；代码第②行"♯elif 5＜0"指令测试表达式 5＜0 是否为 true，由于结果为 false，所以第②～③行之间的代码不会被编译；而♯else 和♯endif 之间所有代码会被编译，即第③行代码会被编译。

上述程序运行时输出结果如下：

你好 E 再见!

上述 3 种结构中的♯if 还可以换成♯ifdef 或♯ifndef，来判断指定的宏是否被定义或未被定义。

示例代码如下：

```
// 2.7.4 4. ♯ifdef - ♯else - ♯endif

♯include < stdio.h>
♯define x 10                       ①

int main() {
♯ifdef x                           ②
  printf("你好");
♯else
  printf("Hi");                    ③
♯endif
```

```
    printf("再见!\n");
    return 0;
}
```

上述代码第①行定义宏 x,代码第②行判断宏 x 是否被定义,由于宏 x 已经被定义,所以♯ifdef 和♯else 之间的所有代码会被编译,即代码第②～③行会被编译。

上述程序运行时输出结果如下:

你好再见!

2.8　动手练一练

1. 选择题

（1）下面哪些是 C 语言的关键字?（　　　）

  A. if   B. Then   C. Goto   D. while

（2）下面哪些是 C 语言的合法标识符?（　　　）

  A. 2variable   B. variable2

  C. _whatavariable   D. 3

  E. $anothervar   F. ♯myvar

2. 判断题

（1）在 C 语言中,一行代码表示一条语句。语句结束可以加分号,也可以省略分号。

                     （　　　）

（2）C 语言中常量使用 const 关键字。   （　　　）

（3）C 语言代码中使用空白,数量没有限制。   （　　　）

（4）C 语言代码中适当地使用空白可以提高代码的可读性。 （　　　）

（5）C 语言中表示代码块使用大括号。   （　　　）

## 第 3 章

数 据 类 型

在第 2 章已经用到一些数据类型,比如 int 和 float 等。C 语言中的数据类型可以分为基本数据类型、派生数据类型和用户自定义数据类型。本章重点介绍基本数据类型,比如整数类型(整型)、浮点类型、字符类型等,以及数据类型之间的转换。

3.1　C 语言中的数据类型

微课视频

C 语言中的数据类型如图 3-1 所示。

解释说明:

(1)基本数据类型,是 C 语言内置的数据类型。主要分为整数类型、浮点类型、字符类型和 void。

(2)派生数据类型,是从基本数据类型衍生出来的数据类型。主要分为函数类型、数组类型和指针类型。

(3)用户自定义数据类型,是用户自定义的数据类型。主要分为结构体、联合体、枚举

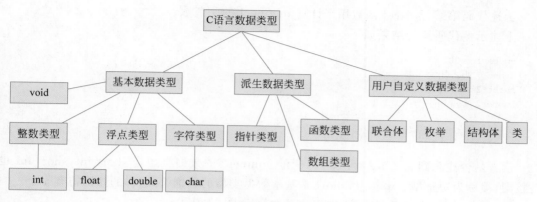

图 3-1　C 语言中的数据类型

和类。

其中：

① void：表示空数据，或者没有返回值，或者是没有分配内存空间的数据。

② 函数类型：函数本身也是一种数据类型。

3.2　整数类型

在 C 语言中使用 int 关键字声明整数类型数据，它用于存储整数数据，所占用的内存主要取决于编译器（32 位或 64 位）。通常，整数类型在使用 32 位编译器时占用 4 字节的内存空间，它的取值范围是 $-2^{31}\sim 2^{31}-1$。

示例代码如下：

```
# include < stdio. h >

// 声明全局变量
int number1 = 100;                                          ①
char name[] = "Ben";

int main() {

    short int number2 = 500;
    printf("number1: % d\n", number1);
    printf("number1 所占用字节数: % lu\n", sizeof(number1));     ②

    printf("number2: % hd\n", number2);
    printf("number2 所占用字节数: % lu\n", sizeof(number2));

    return 0;
}
```

上述代码第①行声明整数类型变量 number1。

上述代码第②行 sizeof 函数用来计算 number1 的字节数。

上述示例代码运行结果如下：

```
number1: 100
number1 所占用字节数：4
number2: 500
number2 所占用字节数：2
```

微课视频

3.2.1　数据类型修饰符

读者是否注意到 3.2 节示例中声明变量 number2 的数据类型是 short int，short int 也是整型，被称为短整型。事实上，short 是基本数据类型的修饰符，这样的修饰符有 4 个。

这些修饰符的描述是正确的，它们的具体使用方式如下：

（1）unsigned：表示无符号的数据，所修饰的数据类型只能存储零或正数。

（2）signed：表示有符号的数据，所修饰的数据类型能存储零、负数或正数。

（3）short：所修饰的数据类型占用的内存空间要小一些，只能修饰 int 类型，即 short int。

（4）long：所修饰的数据类型占用的内存空间要大一些，主要用来修饰整数类型和浮点类型。

需要注意的是，C 语言标准并没有规定 short、long 和 long long 数据的确切大小，因此在不同的平台和编译器下，它们的大小可能会有所不同。但是，这些修饰符的使用方式和作用是一致的。

数据类型修饰符所占用字节数和取值范围如表 3-1 所示。

表 3-1　数据类型修饰符所占用字节数和取值范围

数 据 类 型	所占用字节数	取 值 范 围
short int	2	$-2^{15} \sim 2^{15}-1$
unsigned short int	2	$0 \sim 2^{16}-1$
unsigned int	4	$0 \sim 2^{32}-1$
int	4	$-2^{31} \sim 2^{31}-1$
long int	4	$-2^{31} \sim 2^{31}-1$
unsigned long int	4	$0 \sim 2^{32}-1$
long long int	8	$-2^{63} \sim 2^{63}-1$
unsigned long long int	8	$0 \sim 2^{64}-1$
signed char	1	$-128 \sim 127$
unsigned char	1	$0 \sim 255$

◎注意　字符型也是整型的一种。在计算机内部保存字符时使用的是 ASCII，例如字符 'a' 的 ASCII 值是 97，字符 'A' 的 ASCII 值是 65。

数据类型修饰符示例代码如下：

```
// 3.2.1 数据类型修饰符

# include < stdio.h>

int main() {
    // 定义变量并初始化
    unsigned short int number1 = 600;
    long int number2 = 700;
    unsigned long int number3 = 800;
    unsigned long long int number4 = 900;
    signed char number5 = 97;
    unsigned char number6 = 255;

    // 输出变量的值和所占用的字节数
    printf("number1: %u\n", number1);
    printf("number1 所占用字节数: %zu\n", sizeof(number1));

    printf("number2: %ld\n", number2);
    printf("number2 所占用字节数: %zu\n", sizeof(number2));

    printf("number3: %lu\n", number3);
    printf("number3 所占用字节数: %zu\n", sizeof(number3));

    printf("number4: %llu\n", number4);
    printf("number4 所占用字节数: %zu\n", sizeof(number4));

    printf("number5: %c\n", number5);
    printf("number5 所占用字节数: %zu\n", sizeof(number5));

    printf("number6: %u\n", number6);
    printf("number6 所占用字节数: %zu\n", sizeof(number6));

    return 0;
}
```

上述示例代码运行结果如下：

```
number1: 600
number1 所占用字节数: 2
number2: 700
number2 所占用字节数: 4
number3: 800
number3 所占用字节数: 4
number4: 900
number4 所占用字节数: 8
number5: a
number5 所占用字节数: 1
number6: 255
number6 所占用字节数: 1
```

注意上述示例运行时，number5 在计算机中保存的是 97，输出到控制台的是字符 a。

微课视频

3.2.2 数据溢出

某种数据类型的变量如果是有范围的，它保存的数值超出其范围，就会导致数据溢出。数据溢出虽然不会有编译错误，但会有警告！例如 unsigned char 数据类型最大的容纳值是255，若将 300 赋值给它，在编译时就会有警告。

示例代码如下：

```
// 3.2.2 数据溢出
# include < stdio. h>

unsigned short int number1 = 600;
long int number2 = 700;
unsigned long int number3 = 800;
unsigned long long int number4 = 900;

signed char number5 = 97;
unsigned char number6 = 300;            // 数据溢出          ①

int main() {
  printf("number1: % d\n", number1);
  printf("number1 所占用字节数: % lu\n", sizeof(number1));

  printf("number2: % ld\n", number2);
  printf("number2 所占用字节数: % lu\n", sizeof(number2));

  printf("number3: % lu\n", number3);
  printf("number3 所占用字节数: % lu\n", sizeof(number3));

  printf("number4: % llu\n", number4);
  printf("number4 所占用字节数: % lu\n", sizeof(number4));

  printf("number5: % d\n", number5);
  printf("number5 所占用字节数: % lu\n", sizeof(number5));

  printf("number6: % d\n", number6);
  printf("number6 所占用字节数: % lu\n", sizeof(number6));
  return 0;
}
```

上述代码第①行声明变量 number6 是 unsigned char 数据类型，unsigned char 数据类型最大的容纳值是 255，但是本例赋给 300 则会发生数据溢出。

上述示例代码运行结果如下：

```
number1: 600
number1 所占用字节数:2
number2: 700
number2 所占用字节数:4
number3: 800
```

```
number3 所占用字节数:4
number4: 900
number4 所占用字节数:8
number5: a
number5 所占用字节数:1
number6: 44
number6 所占用字节数:1
```

注意,number6 变量输出的结果是 44,这是数据溢出导致的。number6 变量被赋值 300,300 在计算机内部被存储为二进制数,又因为 number6 被声明为 unsigned char 数据类型,所以 300 被存储的二进制数只能保留低 8 位,高 4 位溢出,结果是十进制数 44。

3.2.3　整数的表示方式

微课视频

整数除了可以用十进制表示,还可以使用多种进制表示,例如:二进制、八进制和十六进制。

(1) 二进制数:以 0b 或 0B 为前缀。

(2) 八进制数:以 0 为前缀。

(3) 十六进制数:以 0x 或 0X 为前缀。

◎注意　二进制、八进制和十六进制前缀中是阿拉伯数字 0,不是英文字母 o。

示例代码如下:

```
// 3.2.3 整数的表示方式

#include <stdio.h>

int decimalInt = 28;
int binaryInt1 = 0b11100;
int binaryInt2 = 0B11100;
int octalInt = 034;
int hexadecimalInt1 = 0x1C;
int hexadecimalInt2 = 0X1C;

int main() {
    printf("decimalInt: %d\n", decimalInt);
    printf("binaryInt1: %d\n", binaryInt1);
    printf("octalInt: %d\n", octalInt);
    printf("binaryInt2: %d\n", binaryInt2);
    printf("hexadecimalInt1: %d\n", hexadecimalInt1);
    printf("hexadecimalInt2: %d\n", hexadecimalInt2);
    return 0;
}
```

上述示例代码运行结果如下:

```
decimalInt: 28
binaryInt1: 28
octalInt: 28
binaryInt2: 28
hexadecimalInt1: 28
hexadecimalInt2: 28
```

微课视频

3.3 浮点类型

在 C 语言中通过 float、double 及 long double 关键字声明浮点类型数据，如表 3-2 所示。

表 3-2　浮点类型数据

数 据 类 型	具 体 名 称	占用字节数
float	单精度浮点型	4
double	双精度浮点型	8
long double	扩展双精度浮点型	Microsoft C 编译器是 8，GCC 编译器是 16

💡提示　Microsoft C 编译器是微软提供的编译器，Visual Studio 工具自带该编译器；GCC 编译器（GNU Compiler Collection，GNU 编译器套件）是由 GNU 开发的编译器。

浮点类型数据示例代码如下：

```
// 3.3 浮点类型
# include < iostream >

using namespace std;

float digit1 = 3.36;
double digit2 = 1.56e - 2;

int main() {

    long double digit3 = 0.0;
    cout << "digit1 :" << digit1 << endl;
    cout << "digit1 所占用字节数:" << sizeof(digit1) << endl;

    cout << "digit2:" << digit2 << endl;
    cout << "digit2 所占用字节数:" << sizeof(digit2) << endl;

    cout << "digit3:" << digit3 << endl;
    cout << "digit3 所占用字节数:" << sizeof(digit3) << endl;
    return 0;
}
```

示例代码运行结果如下：

```
digit1 : 3.360000
digit1 所占用字节数: 4
digit2: 0.015600
digit2 所占用字节数: 8
digit3: 0.000000
digit3 所占用字节数: 16
```

3.4 字符类型

微课视频

字符类型表示单个字符,如表3-3所示,在C语言中通过char和wchar_t关键字声明字符类型数据。

表3-3 字符类型数据

数 据 类 型	名 称	占用字节数
char	窄字符	1
wchar_t	宽字符	2 或 4

示例代码如下:

```
// 3.4-1 字符类型


# include < stdio. h>

int main() {
    char ch1 = 'A';                          ①
    wchar_t ch2 = L'A';                      ②

    printf("ch1: % c\n", ch1);
    printf("ch1 所占用字节数: % lu\n", sizeof(ch1));

    wprintf(L"ch2: % lc\n", ch2);
    printf("ch2 所占用字节数: % lu\n", sizeof(ch2));

    return 0;
}
```

上述代码第①行是声明窄字符数据类型变量ch1。

代码第②行是声明宽字符数据类型变量ch2,"L'A'"中的"L"表示该字符是宽字符数据类型,在内存中占用2字节。

上述示例代码运行结果如下:

```
ch1: A
ch1 所占用字节数: 1
ch2: A
ch2 所占用字节数: 2
```

另外,在C语言中,使用反斜杠(\)表示字符转义。反斜杠后面跟着一个或多个字符,用于表示一些特殊的字符或符号。常见的转义字符如表 3-4 所示。

表 3-4　常见的转义字符

转义字符	说　　明	转义字符	说　　明
\t	水平制表符 Tab	\"	双引号
\n	换行符	\'	单引号
\r	回车符	\\	反斜杠

示例代码如下：

```
// 3.4-2 字符转义
# include < stdio. h>

int main() {
  char specialCharTab1[] = "Hello\tWorld.";
  char specialCharNewLine[] = "Hello\nWorld.";
  char specialCharQuotationMark[] = "Hello\"World.";
  char specialCharApostrophe[] = "Hello\'World\'.";
  char specialCharReverseSolidus[] = "Hello\\World.";
  printf("水平制表符 tab: % s\n", specialCharTab1);
  printf("换行符: % s\n", specialCharNewLine);
  printf("双引号: % s\n", specialCharQuotationMark);
  printf("单引号: % s\n", specialCharApostrophe);
  printf("反斜杠: % s\n", specialCharReverseSolidus);

  return 0;
}
```

上述示例代码运行结果如下：

```
水平制表符 tab: Hello World.
换行符: Hello
World.
双引号: Hello"World.
单引号: Hello'World'.
反斜杠: Hello\World.
```

微课视频

3.5　布尔类型

在 C 语言中，没有原生的布尔(bool)类型数据，即没有 bool 类型数据。通常，开发人员会使用整数类型来模拟布尔类型，其中 0 代表 false(假)，1 代表 true(真)。C 语言提供了 < stdbool. h>头文件，定义了布尔类型和 true/false 常量。因此，在 C 语言中，开发人员可以通过包含< stdbool. h>头文件使用布尔类型数据。下面是一个使用布尔类型数据的示例。

```
// 3.5 布尔类型
# include < stdbool. h>            ①
# include < stdio. h>
```

```
int main() {
    bool x = true;
    bool y = false;

    printf("x = %d, y = %d\n", x, y);
    printf("sizeof(bool) = %lu\n", sizeof(bool));

    return 0;
}
```

上述代码第①行包含头文件<stdbool.h>,后面的代码中才可以声明变量为布尔类型。上述示例代码运行结果如下:

```
x = 1, y = 0
sizeof(bool) = 1
```

3.6 数据类型之间的转换

不同的数据类型是可以相互转换的,但转换比较复杂,本章只讨论基本数据类型之间的相互转换。基本数据类型之间的相互转换分为以下两种:

（1）自动类型转换,也被称为隐式类型转换;

（2）强制类型转换,也被称为显式类型转换。

3.6.1 自动类型转换

大容量的数据类型

微课视频

自动类型转换是将小容量的数据类型赋值给大容量的数据类型,如图 3-2 所示,从下往上是自动类型转换,不会发生数据精度丢失;相反,从上往下需要强制类型转换,可能会发生数据精度丢失。

自动类型转换不仅在赋值时发生,在进行数值计算时也会发生。编程语言会自动将一个数据类型转换为另一个数据类型,以便进行计算,这种转换是自动进行的,程序员无须手动指定转换。例如,在将一个整数和一个浮点数相加时,整数会被自动转换为浮点数,以便进行计算。转换规则如表 3-5 所示,不同的数据类型之间有不同的转换规则,程序员需要了解这些规则以避免错误。

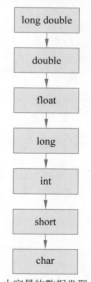
小容量的数据类型

图 3-2 数据类型转换

表 3-5 数据类型转换规则

操作数 1 的类型	操作数 2 的类型	转换后的类型
byte、short、char	int	int
byte、short、char、int	long	long
byte、short、char、int、long	float	float
byte、short、char、int、long、float	double	double

示例代码如下:

```
// 3.6.1 自动类型转换

# include < stdio. h >

int main() {
    int a = 10;
    float b = 3.14;
    float c = a + b;    // 这里会发生自动类型转换，a 会被转换成 float 类型，以便与 b 进行计算
    printf("c = % f\n", c);
    return 0;
}
```

上述示例代码运行结果如下：

```
c = 13.140000
```

3.6.2　强制类型转换

将大容量的数据赋值给小容量的数据时，需要强制类型转换，进行强制类型转换时会将数据高位截掉，所以可能会导致数据精度丢失。

强制类型转换的语法格式如下：

(目标类型) 表达式;

示例代码如下：

```
// 3.6.2 强制类型转换

# include < stdio. h >

int main() {
    // int 型变量
    int i1 = 10;
    short int b1 = (short int)i1;    //把 int 类型变量强制转换为 short int 类型     ①

    int i2 = (int)i1;
    int i3 = (int)b1;

    float c1 = i1 / 3;                // 小数部分被截掉                              ②
    printf(" % f\n", c1);
    //把 int 类型变量强制转换为 float 类型
    float c2 = (float)i1 / 3;                                                       ③

    long long int yourNumber = 6666666666L;                                        ④
    printf(" % lld\n", yourNumber);
    int myNuber = (int)yourNumber;                                                 ⑤
    printf(" % d\n", yourNumber);

    return 0;
}
```

（1）上述代码第①行将 int 类型的变量 i 强制转换为 short int 类型，这显然没有必要，但在语法上是允许的。

（2）代码第②行中变量 i 除以 3 的结果中有小数，但由于两个操作数都是 int 类型，所以小数部分被截掉了，结果是 3；该结果被赋值给 float 类型的变量 c1，最后 c1 保存的结果是 3.0。

（3）代码第③行中整型 i1 与 float 类型进行运算，结果是 float 类型，不会截掉小数部分。

（4）代码第④行声明一个很大的长整数 yourNumber。

（5）代码第⑤行中，由于 yourNumber 数据很大，所以高位被截掉，导致数据精度丢失。

💡提示　% lld 是用于输出 long long 类型整数的格式转换控制符。

上述示例代码运行结果如下：

```
3.000000
8
6666666666
 -1923267926
```

从运行结果可见，原本的 6666666666L 变成了负数，这是因为数据的高位被截掉，导致数据精度丢失。

3.7　动手练一练

1. 选择题

（1）以下哪个数据类型可以存储的整数范围最大？（　　）

  A. short int   B. unsigned int

  C. signed int   D. long int

（2）下面哪个数据类型可以存储的小数范围最大？（　　）

  A. float   B. double   C. long double D. char

（3）下面哪个数据类型不能存储负数？（　　）

  A. unsigned int B. signed int C. char   D. short int

（4）假设一个字符占用 1 字节（byte），那么下面哪个数据类型可以存储的字符数最多？（　　）

  A. char   B. signed char C. unsigned char D. wchar_t

2. 判断题

（1）将小容量的数据赋值给大容量的数据时，数据类型是自动转换的。　（　　）

（2）将整型与浮点类型进行计算，结果还是整型。　（　　）

3. 编程题

编写程序，计算整数 7 除以整数 5 的结果，将运算结果输出到控制台，并解释输出结果。

第 4 章

运　算　符

本章介绍 C 语言中一些主要的运算符,包括算术运算符、关系运算符、逻辑运算符、位运算符和其他运算符。

根据参加运算的操作数的个数划分,运算符可以分为:

(1) 一元运算符;

(2) 二元运算符;

(3) 三元运算符。

微课视频

4.1　一元运算符

一元运算符又分为算术一元运算符、逻辑反和按位反。本节介绍算术一元运算符,算术一元运算符具体说明如表 4-1 所示。

表 4-1 算术一元运算符

运　算　符	名　称	说　明	例　子
－	取反符号	取反运算	y=－x
＋＋	自加一	先取值再加一,或先加一再取值	x＋＋或＋＋x
－－	自减一	先取值再减一,或先减一再取值	x－－或－－x

表 4-1 中,－x 是对 x 取反运算,x＋＋或 x－－是在表达式运算完后,再给 x 加 1 或减 1;而＋＋x 或－－x 是先给 x 加 1 或减 1,然后再进行表达式运算。

示例代码如下:

```
// 4.1 一元运算符

# include < stdio.h>

// 声明全局变量
int a = 12, b = 12;

int main() {
  // 原始值
  printf("a:%d\n", a);
  printf("++a:%d\n", ++a);        // 13,a 先加一再打印 a
  printf("a++:%d\n", a++);        // 13,先打印 a 然后再加一
  // 原始值
  printf("b:%d\n", b);
  printf("--b:%d\n", --b);        // 11,b 先减一再打印 b
  printf("b--:%d\n", b--);        // 11,b 先减一再打印 b

  return 0;
}
```

上述示例代码运行输出结果如下:

```
a:12
++a:13
a++:13
b:12
--b:11
b--:11
```

4.2 二元运算符

本节介绍一下二元运算符,二元运算符包括＋、－、＊、/和％,这些运算符对数值类型数据都有效。具体说明如表 4-2 所示。

微课视频

表 4-2　二元运算符

运　算　符	名　　称	例　子	说　明
＋	加	x ＋ y	求 x 加 y 的和，还可用于 String 类型，进行字符串连接操作
—	减	x — y	求 x 减 y 的差
*	乘	x * y	求 x 乘以 y 的积
/	除	x / y	求 x 除以 y 的商
％	取余	x ％ y	求 x 除以 y 的余数

示例代码如下：

```c
// 4.2 二元运算符
#include <stdio.h>

// 声明一个字符类型变量
char charNum = 'A';
// 声明一个整数类型变量
int intResult = 0;
// 声明一个浮点类型变量
double doubleResult = 10.0;

int main() {
  intResult = charNum + 1;
  printf("%d\n", intResult);        // 打印结果 66
  intResult = intResult - 1;
  printf("%d\n", intResult);        // 打印结果 65

  intResult = intResult * 2;
  printf("%d\n", intResult);        // 打印结果 130

  intResult = intResult / 2;
  printf("%d\n", intResult);        // 打印结果 65

  intResult = intResult + 8;
  intResult = intResult % 7;
  printf("%d\n", intResult);        // 打印结果 3

  printf("------- \n");

  printf("%f\n", doubleResult);     // 打印结果 10

  doubleResult = doubleResult - 1;
  printf("%f\n", doubleResult);     // 打印结果 9

  doubleResult = doubleResult * 2;
  printf("%f\n", doubleResult);     // 打印结果 18

  doubleResult = doubleResult / 2;
  printf("%f\n", doubleResult);     // 打印结果 9
```

```
doubleResult = doubleResult + 8;
doubleResult = (int)doubleResult % 7;                    ①

printf("%f\n", doubleResult);        // 打印结果 3
return 0;
}
```

由于 double 变量不能进行取余运算，因此需要将代码第①行的 doubleResult 强制类型转换为 int 类型再进行运算。

4.3 关系运算符

微课视频

关系运算是比较两个表达式大小关系的运算。关系运算符属于二元运算符，它的结果是布尔类型数据，即 true 或 false。关系运算符有 6 种：==、!=、>、<、>= 和<=，具体说明如表 4-3 所示。

表 4-3　关系运算符

运 算 符	名　称	例　子	说　明
==	等于	x==y	x 等于 y 时返回 true，否则返回 false。可以应用于基本数据类型和引用数据类型
!=	不等于	x!=y	与== 相反
>	大于	x > y	x 大于 y 时返回 true，否则返回 false，只应用于基本数据类型
<	小于	x < y	x 小于 y 时返回 true，否则返回 false，只应用于基本数据类型
>=	大于或等于	x >= y	x 大于或等于 y 时返回 true，否则返回 false，只应用于基本数据类型
<=	小于或等于	x <= y	x 小于或等于 y 时返回 true，否则返回 false，只应用于基本数据类型

示例代码如下：

```
// 4.3 关系运算符

#include <stdio.h>

int main() {
  int a = 12, b = 16;

  printf("%d\n", a < b);        // 打印结果 1
  printf("%d\n", a > b);        // 打印结果 0
  printf("%d\n", a <= b);       // 打印结果 1
  printf("%d\n", a >= b);       // 打印结果 0
  printf("%d\n", a == b);       // 打印结果 0
  printf("%d\n", a != b);       // 打印结果 1
```

```
    return 0;
}
```

4.4 逻辑运算符

逻辑运算符是对布尔类型变量进行运算，其结果也是布尔类型。具体说明如表 4-4 所示。

表 4-4　逻辑运算符

运 算 符	名 称	例 子	说 明
!	逻辑非	!x	x 为 true 时，值为 false，x 为 false 时，值为 true
&	逻辑与	x & y	xy 全为 true 时，计算结果为 true；否则为 false
|	逻辑或	x | y	xy 全为 false 时，计算结果为 false；否则为 true
&&	短路与	x && y	xy 全为 true 时，计算结果为 true；否则为 false。&& 与 & 区别：如果 x 为 false，则不计算 y（因为不论 y 为何值，结果都为 false）
||	短路或	x || y	xy 全为 false 时，计算结果为 false；否则为 true。|| 与 | 区别：如果 x 为 true，则不计算 y（因为不论 y 为何值，结果都为 true）

提示　"短路与"（&&）和"短路或"（||）能够采用最优化的计算方式，从而提高效率。在实际编程时，应该优先考虑使用"短路与"和"短路或"。

示例代码如下：

```c
// 4.4 逻辑运算符
# include < stdio.h>

int main() {
  int i = 0;
  int a = 10;
  int b = 9;

  if ((a > b) || (i++ == 1)) {
    printf("或运算为 真\n");
  } else {
    printf("或运算为 假\n");
  }
  printf("i = %d\n", i);

  if ((a < b) && (i++ == 1)) {
    printf("与运算为 真\n");
  } else {
    printf("与运算为 假\n");
```

```
    }
    printf("i = % d\n", i);

    if ((a > b) & (a++ ==  -- b)) {
      i = 0;
    }

    printf("a = % d\n", a);
    printf("b = % d\n", b);

    return 0;
}
```

上述示例代码运行输出结果如下：

```
或运算为 真
i = 0
与运算为 假
i = 0
a = 11
b = 8
```

4.5 位运算符

微课视频

位运算是以二进制位（bit）为单位进行运算的,操作数和结果都是整型数据。位运算符有如下几个：&、|、^、~、>>和<<,其中~是一元运算符,其他都是二元运算符。具体说明如表 4-5 所示。

表 4-5　位运算符

运算符	名　称	例　子	说　　明
~	按位反	~x	将 x 的值按位取反
&	按位与	x&y	将 x 与 y 按位进行与计算,若全为 1,则这一位为 1;否则为 0
|	按位或	x|y	将 x 与 y 按位进行或运算,只要有一个为 1,这一位就为 1;否则为 0
^	按位异或	x^y	将 x 与 y 按位进行异或运算,只有两位相反时,这一位才为 1;否则为 0
>>	右移	x >> a	将 x 右移 a 位,高位采用符号位补位
<<	左移	x << a	将 x 左移 a 位,低位采用 0 补位

示例代码如下：

```
// 4.5 位运算符

# include < stdio. h>

// 声明两个全局变量采用二进制表示
short int a = 0B00110010;              // 十进制 50
```

```
short int b = 0B01011110;                    // 十进制 94

int main() {
  printf("a | b = %d\n", (a | b));           // 十进制 126,二进制表示 0B01111110
  printf("a & b = %d\n", (a & b));           // 十进制 18,二进制表示 0B00010010
  printf("a ^ b = %d\n", (a ^ b));           // 十进制 108,0B01101100
  printf("~b = %d\n", (~b));                 // 十进制 −95

  printf("a >> 2 = %d\n", (a >> 2));         // 十进制 12,二进制表示 0B00001100
  printf("a >> 1 = %d\n", (a >> 1));         // 十进制 25,二进制表示 0B00011001
  printf("a << 2 = %d\n", (a << 2));         // 十进制 200,二进制表示 0B11001000
  printf("a << 1 = %d\n", (a << 1));         // 十进制 100,二进制表示 0B01100100

  int c = −12;
  printf("c >> 2 = %d\n", (c >> 2));         // − 3

  return 0;
}
```

上述示例代码运行输出结果如下：

```
a | b = 126
a & b = 18
a ^ b = 108
~b = − 95
a >> 2 = 12
a >> 1 = 25
a << 2 = 200
a << 1 = 100
c >> 2 = − 3
```

💡**提示** 　上述代码"位取反"运算过程比较麻烦！这个过程中涉及原码、补码、反码运算，比较烦琐。笔者归纳总结了一个公式：$\sim b = -1 * (b+1)$，如果 b 为十进制数 94，则 $\sim b$ 为十进制数 −95。

💡**提示** 　有符号右移 n 位，相当于操作数除以 2^n，所以 x >> 2 表达式相当于 $x/2^2$，上述代码右移的运算结果等于 12；左移 n 位，相当于操作数乘以 2^n，所以 x << 2 表达式相当于 $x * 2^2$，上述代码左移的运算结果等于 200。

微课视频

4.6 赋值运算符

赋值运算符只是一种简写，一般用于变量自身的变化。具体说明如表 4-6 所示。

表 4-6 赋值运算符

运 算 符	名 称	例 子
+=	加赋值	a+=b、a+=b+3
-=	减赋值	a-=b
*=	乘赋值	a*=b
/=	除赋值	a/=b
%=	取余赋值	a%=b
&=	位与赋值	x&=y
|=	位或赋值	x|=y
^=	位异或赋值	x^=y
<<=	左移赋值	x<<=y
>>=	右移赋值	x>>=y

赋值运算符示例代码如下：

```
//4.6 赋值运算符

#include <stdio.h>

//声明两个全局变量
int a = 1;
int b = 2;

int main() {
    a += b;                 // 相当于 a = a + b
    printf("%d\n", a);      // 打印结果为 3
    a += b + 3;             // 相当于 a = a + b + 3
    printf("%d\n", a);      // 打印结果为 8
    a -= b;                 // 相当于 a = a - b
    printf("%d\n", a);      // 打印结果为 6
    a *= b;                 // 相当于 a=a*b
    printf("%d\n", a);      // 打印结果为 12
    a /= b;                 // 相当于 a=a/b
    printf("%d\n", a);      // 打印结果为 6
    a %= b;                 // 相当于 a=a%b
    printf("%d\n", a);      // 打印结果为 0
    return 0;
}
```

上述示例代码运行结果此处不再赘述。

4.7 三元运算符

在 C 语言中,三元运算符只有一个(?:),它用来代替 if 语句中的 if-else 结构,其语法如下:

```
variable = Expression1 ? Expression2 : Expression3
```

微课视频

如果表达式 Expression1 计算结果为 true，则将表达式 Expression2 计算结果返回；否则将表达式 Expression3 计算结果返回。

三元运算符示例代码如下：

```
//4.7 三元运算符

#include <stdio.h>

int main() {
    int n1 = 5, n2 = 10, max;

    printf("第一个数值:%d\n", n1);
    printf("第二个数值:%d\n", n2);

    // 返回 n1 和 n2 中最大数
    max = (n1 > n2) ? n1 : n2;          // 使用三元运算符计算
    printf("最大数是:%d\n", max);

    return 0;
}
```

上述示例代码运行结果如下：

```
第一个数值:5
第二个数值:10
最大数是:10
```

微课视频

4.8   运算符的优先级

在一个表达式计算过程中，运算符的优先级非常重要。表 4-7 中，从上到下，运算符的优先级从高到低，同一行具有相同的优先级。二元运算符计算顺序一般从左向右，但是注意赋值运算符的计算顺序是从右向左的。

表 4-7   运算符优先级

优　先　级	运　算　符
1	()（函数调用）、[]（数组下标）、->（结构体和共用体成员访问）、.（结构体和共用体成员访问）
2	++（自增）、--（自减）、!（逻辑非）、～（按位取反）、+（正号）、-（负号）、*（乘法）、&（取地址）、sizeof（长度）、类型转换
3	*（指针）、/（除法）、%（取模）
4	+（加法）、-（减法）
5	<<（左移）、>>（右移）
6	<（小于）、<=（小于或等于）、>（大于）、>=（大于或等于）、==（等于）、!=（不等于）
7	&（按位与）
8	^（按位异或）

续表

优 先 级	运 算 符
9	|（按位或）
10	&&（逻辑与）
11	||（逻辑或）
12	?:（三元运算符）
13	＝（赋值）、＋＝（加等于）、－＝（减等于）、＊＝（乘等于）、/＝（除等于）、%＝（取模等于）、&＝（按位与等于）、^＝（按位异或等于）、|＝（按位或等于）
14	,（逗号）

运算符优先级大体顺序,从高到低依次是算术运算符→位运算符→关系运算符→逻辑运算符→赋值运算符。

4.9 动手练一练

1. 选择题

（1）下列选项中合法的赋值语句有哪些？（　　　）

　　A. a＝＝1　　　　　　　　　　　B. ++i

　　C. a＝a+1＝5　　　　　　　　　　D. y＝int(i)

（2）如果所有变量都已正确定义,以下选项中非法的表达式有哪些？（　　　）

　　A. a!＝4\|\|b＝＝1　　　　　　　　B. 'a' %3

　　C. 'a' ＝1/2　　　　　　　　　　D. 'A'+32

（3）如果定义 int a＝2,则执行完语句 a+＝a-＝a*a 后 a 的值是（　　　）。

　　A. 0　　　　　　B. 4　　　　　　C. 8　　　　　　D. －4

（4）下面关于使用"<<"和 ">>"操作符的,哪些结果是对的？（　　　）

　　A. 0B101000 >> 4 的结果是 0B000010

　　B. 0B101000 >> 4 的结果是 5

　　C. 0B101000 >>> 4 的结果是 0B000010

　　D. 0B101000 >>> 4 的结果是 5

2. 判断题

（1）在 C 语言中,逗号运算符的优先级最高。　　　　　　　　　　　　　（　　　）

（2）在 C 语言中,位运算符 & 的优先级高于"^"和"\|"。　　　　　　　　（　　　）

第 5 章

条 件 语 句

条件语句能够使计算机程序具有判断能力,能够根据某些表达式的值有选择地执行,类似于人类大脑的分析能力。在 C 语言中,提供了两种条件语句:

(1) if 语句。

(2) switch 语句。

5.1 if 语句

由 if 语句引导的选择结构有三种:if 结构、if-else 结构和 if-else-if 结构。

5.1.1 if 结构

微课视频

if 结构流程如图 5-1 所示,先测试条件表达式,如果为 true,则执行语句组(包含一条或多条语句的代码块);否则就执行 if 结构后面的语句。

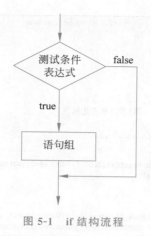

图 5-1 if 结构流程

💡**提示** 如果语句组只有一条语句,可以省略大括号,但从编程规范角度,不建议省略大括号,省略大括号会使程序的可读性变差。

---

if 结构语法格式如下:

```
if (条件表达式) {
    语句组
}
```

if 结构示例代码如下:

```
//5.1.1 if 结构

# include < stdio. h >

int main() {
    // 成绩
    int score;
    printf("请录入小明的成绩:\n");

    // 从键盘读取成绩
    scanf(" % d", &score);                    ①
    if (score > = 60)                         ②
        printf("及格\n");

    return 0;
}
```

如图 5-2 所示,是使用 Visual Studio Code 运行上述示例代码,程序运行过程中会被挂起,等待用户输入,用户输入数字后按 Enter 键继续执行。

(1) 上述代码第①行从键盘读取用户输入的成绩,存储到 score 变量中。

(2) 代码第②行的 if 结构中的语句组只有一条语句,省略了大括号。代码第②行的 if

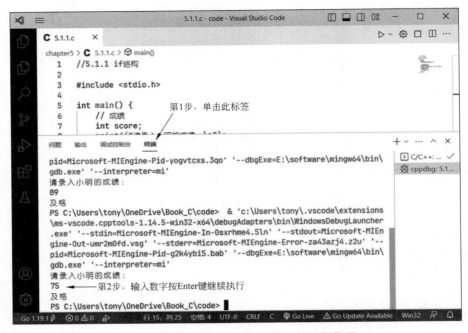

图 5-2   使用 Visual Studio Code 运行示例代码

结构可以使用三元运算符代码替代。

微课视频

5.1.2   if-else 结构

if-else 结构流程如图 5-3 所示,首先测试条件表达式,如果为 true,则执行"语句组 1";如果为 false,则忽略"语句组 1"而直接执行"语句组 2";然后继续执行后面的语句。

if-else 结构语法格式如下:

```
if (条件表达式) {
    语句组 1
} else {
    语句组 2
}
```

if 结构示例代码如下:

```
// 5.1.2 if-else 结构
# include < stdio.h >

int main() {
    int score;
    printf("请录入小明的成绩:\n");
    scanf(" % d", &score);

    if (score > = 60) {
        printf("及格\n");
```

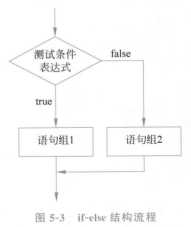

图 5-3   if-else 结构流程

```
    } else {
        printf("不及格\n");
    }

    return 0;
}
```

上述代码与 5.1.1 节的类似，这里不再赘述。

5.1.3 if-else-if 结构

微课视频

如果有多个分支，可以使用 if-else-if 结构，它的流程如图 5-4 所示。if-else-if 结构实际上是 if-else 结构的多层嵌套，它明显的特点就是在多个分支中只执行一个分支的语句组，而其他分支的语句组都不执行，所以这种结构可以用于有多种判断结果的分支中。

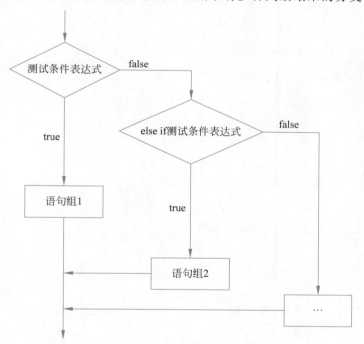

图 5-4　if-else-if 结构流程

if-else-if 结构语法结构格式如下：

```
if (条件表达式 1) {
    语句组 1
} else if (条件表达式 2) {
    语句组 2
} else if (条件表达式 3) {
    语句组 3
...
} else if (条件表达式 n) {
```

```
        语句组 n
    } else {
        语句组 n + 1
    }
```

if-else-if 结构示例代码如下：

```
// 5.1.3 if - else - if 结构
# include < stdio. h >

int main() {
    int score;
    printf("请录入小明的成绩:\n");
    scanf(" % d", &score);

    char grade;
    if (score > = 90) {
        grade = 'A';
    } else if (score > = 80) {
        grade = 'B';
    } else if (score > = 70) {
        grade = 'C';
    } else if (score > = 60) {
        grade = 'D';
    } else {
        grade = 'F';
    }
    printf(" % c\n", grade);
    return 0;
}
```

上述代码与 5.1.1 节的类似，这里不再赘述。

微课视频

5.2　多分支语句

事实上，如果分支有很多，那么 if-else-if 结构使用起来也很麻烦，这时可以使用 switch 语句，switch 语句的语法格式如下：

```
switch (表达式) {
    case 判断值 1:
        语句组 1
    case 判断值 2:
        语句组 2
    case 判断值 3:
        语句组 3
        …
    case 判断值 n:
        语句组 n
    default:
```

　　　　　　语句组 n+1
　　}

当程序执行到 switch 语句时,先计算条件表达式的值,假设值为 A,则先将 A 与第 1 个 case 语句中的值 1 进行匹配,如果匹配,则执行语句组 1。注意:在代码块执行完毕后并不结束 switch 语句,只有遇到 break 语句才结束 switch 语句。如果 A 不与第 1 个 case 语句匹配,则与第 2 个 case 语句进行匹配,如果匹配,则执行语句组 2。以此类推,直到执行语句组 n。如果所有 case 语句都未被执行,则执行 default 语句的语句组 $n+1$,然后结束 switch 语句。

使用 switch 语句需要注意以下问题:

(1) 在 switch 语句中,表达式的值只能是整数或者能够自动转换为整数的数据类型,例如 bool、char、short int、枚举类型、int 和 long int 以及它们的无符号数据类型等,但不能是浮点型,如 float 和 double。

(2) 可以省略 default 语句。

(3) 在每个 case 语句结束后应该加上 break 语句,以中止 switch 语句;否则程序会继续执行下一个 case 语句。除非在某个 case 语句中有特殊的需要,否则都应该加上 break 语句。

switch 语句示例代码如下:

```
// 5.2 多分支语句

#include <stdio.h>

int main() {
  // 成绩
  int score;
  printf("请输入 0~100 的整数:\n");
  // 从键盘读取成绩
  scanf(" %d", &score);
  char grade;

  switch (score / 10) {
    case 10:    // 10 分支是贯通的            ①
    case 9:                                   ②
      printf("进入 case 9\n");
      grade = 'A';
      break;
    case 8:
      grade = 'B';
      break;
    case 7:
      grade = 'C';
      break;
```

```
    case 6:
      grade = 'D';
      break;
    default:
      grade = 'F';
  }

  printf("结束 switch\n");
  printf(" % c\n", grade);

  return 0;
}
```

由于代码第①行的 case 语句 10 分支结束时没有 break 语句，所以该分支结束后，程序不会结束 switch 语句，而是进入 case 语句 9 分支，这种情况称为 case 语句 10 分支是贯通的。

上述程序运行结果如图 5-5 所示，当输入整数 100 时会进入 case 语句 10 分支和 case 语句 9 分支这两个分支。

图 5-5　程序运行结果

5.3　动手练一练

1. 选择题

（1）switch 语句中表达式的计算结果可以是如下哪些类型？（　　　）

A. byte、sbyte、char 和 int 类型　　　B. String 类型

C. 枚举类型　　　　　　　　　　D. 以上都不是

(2) 下列语句执行后,ch1 的值是( )。

```
char ch1 = 'A', ch2 = 'W';
if (ch1 + 2 < ch2) + + ch1;
```

A. 'A'　　　　　B. 'B'　　　　　C. 'C'　　　　　D. B

2. 判断题

(1) switch 语句中每一个 case 语句,后面必须加上 break 语句。　　　( )

(2) if 语句可以替代 switch 语句。　　　　　　　　　　( )

(3) if 结构中的语句组只有一条语句时,不能省略大括号。　　　( )

3. 编程题

编写一个程序,让用户输入一个整数,然后判断这个整数是正数、负数还是零,并输出相应的提示信息。要求使用条件语句来实现。

第6章

循环语句

循环语句能够使程序代码重复执行，C语言支持三种循环语句：while、do-while 和 for。

6.1 while 语句

while 语句是一种先判断的循环结构，它的流程如图 6-1 所示，先测试条件表达式，如果为 true，则执行语句组；如果为 false，则忽略语句组继续执行语句组后面的语句。

示例代码如下：

```
// 6.1 while 语句

# include < stdio. h >

int main() {
  int count = 0;       // 声明变量
```

```
    while (count < 3) {
        // 测试条件 count < 3
        printf("Hello C!\n");
        count++;              // 累加变量
    }
    printf("Game Over\n");

    return 0;
}
```

上述代码运行结果如下：

```
Hello C!
Hello C!
Hello C!
Game Over
```

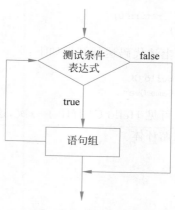

图 6-1 while 语句流程

循环体中如果需要循环变量，则必须在 while 语句之前对循环变量进行初始化。本例中先给 count 赋值 0，然后在循环体内部必须通过语句更改循环变量（count）的值，否则会发生死循环。

6.2 do-while 语句

微课视频

do-while 语句的使用与 while 语句相似，不过 do-while 语句是事后判断循环条件结构，它的流程如图 6-2 所示，do-while 语句格式如下：

```
do {
    语句组
} while (循环条件)
```

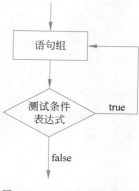

do-while 语句没有初始化语句，循环次数是不可知的，无论循环条件是否满足，都会先执行一次循环体，然后再判断循环条件。如果条件满足，则执行循环体；不满足，则结束循环。

示例代码如下：

```
// 6.2 do-while 语句

#include <stdio.h>

int main() {
    int count = 5;              // 声明变量
    do {
        printf("Hello C!\n");
        count++;                // 累加变量
    } while (count < 3);        // 测试条件 count < 3
    printf("Game Over\n");
```

图 6-2 do-while 语句流程

```
    return 0;
}
```

上述代码运行结果如下：

```
Hello C!
Game Over
```

可见 Hello C! 打印了一次，这是因为测试条件表达式 count < 3 永远为 false，也会执行一次循环体。

微课视频

6.3 for 语句

循环语句除了 while 和 do-while 外，还有 for 语句。下面介绍 for 语句。

C 语言 for 语句一般格式如下：

```
for (初始化; 循环条件; 迭代) {
    语句组
}
```

C 语言的 for 语句流程如图 6-3 所示。首先会执行初始化语句，它的作用是初始化循环变量和其他变量；然后程序会判断循环条件是否满足，如果满足，则继续执行循环体中的"语句组"，执行完成后计算迭代语句；之后再判断循环条件，如此反复，直到判断循环条件不满足时跳出循环。

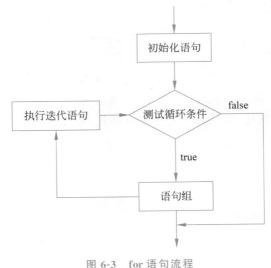

图 6-3　for 语句流程

以下示例代码是计算 1～9 的平方值并列出：

```
// 6.3 for 语句
# include < stdio.h >
```

```
int main() {
    for (int i = 1; i < 10; i++) {
        printf("%d x %d = %d\n", i, i, i * i);
    }
    printf("Game Over!");
    return 0;
}
```

上述代码输出结果如下：

```
1 × 1 = 1
2 × 2 = 4
3 × 3 = 9
4 × 4 = 16
5 × 5 = 25
6 × 6 = 36
7 × 7 = 49
8 × 8 = 64
9 × 9 = 81
Game Over!
```

在这个程序的循环部分初始时，给循环变量 i 赋值为 1，每次循环都要判断 i 的值是否小于 10，如果为 true，则执行循环体，然后给 i 加 1。因此，最后的结果是打印出 1～9 的平方，不包括 10。

6.4 跳转语句

跳转语句能够改变程序的执行顺序，实现程序的跳转。在循环语句中主要使用 break 语句、continue 语句和 goto 语句。

6.4.1 break 语句

微课视频

break 语句的作用是强行退出循环体，不再执行循环体中剩余的语句，break 语句语法格式如下。

```
break;
```

示例代码如下：

```
// 6.4.1 break 语句
# include < stdio.h >

int main() {
    // 声明数组 arr
    int arr[] = {1, 2, 3, 4, 5, 6, 7, 8, 9, 10};
    // 计算数组的长度
    int length = sizeof(arr) / sizeof(arr[0]);

    for (int i = 0; i < length; i++) {
```

```
        if (i == 3) {
            // 跳出循环
            break;
        }
        printf("Count is: %d\n", i);
    }
    printf("Game Over!\n");
    return 0;
}
```

上述代码运行的结果如下：

```
Count is: 0
Count is: 1
Count is: 2
Game Over!
```

6.4.2 continue 语句

微课视频

continue 语句用来结束本次循环，跳过循环体中尚未执行的语句，接着进行终止条件的判断，以决定是否继续循环。对于 for 语句，在进行终止条件的判断前，还要先执行迭代语句。

在循环体中使用 continue 语句，它的语法格式如下：

continue;

示例代码如下：

```
//6.4.2 continue 语句

#include <stdio.h>

int main() {

    // 声明数组 arr
    int arr[] = {1, 2, 3, 4, 5, 6, 7, 8, 9, 10};
    // 计算数组的长度
    int length = sizeof(arr) / sizeof(arr[0]);

    for (int i = 0; i < length; i++) {
        if (i == 3) {
            //跳过本循环,继续下一个循环
            continue;
        }
        printf("Count is: %d\n", i);
    }

    printf("Game Over!");
    return 0;
}
```

在上述代码中,当条件 i==3 的时候执行 continue 语句,continue 语句会终止本次循环,循环体中 continue 之后的语句将不再执行,接着进行下次循环,所以输出结果中没有 3。

上述代码运行结果如下:

```
Count is: 0
Count is: 1
Count is: 2
Count is: 4
Count is: 5
Count is: 6
Count is: 7
Count is: 8
Count is: 9
Game Over!
```

6.4.3 goto 语句

微课视频

goto 语句是无条件跳转语句,使用 goto 语句可跳转到 goto 关键字后面标签所指定的代码行。

示例代码如下:

```
// 6.4.3 goto 语句

# include < stdio. h>

int main() {
  // 声明数组 arr
  int arr[] = {1, 2, 3, 4, 5, 6, 7, 8, 9, 10};
  // 计算数组的长度
  int length = sizeof(arr) / sizeof(arr[0]);

  for (int i = 0; i < length; i++) {
    if (i == 3) {
      goto label;                         ①
    }
    printf("Count is: % d\n", i);
  }
label:                                    ②
  printf("Game Over!");

  return 0;
}
```

上述代码进行了两次 for 循环,代码第①行使用 goto 语句跳转到 label 指向的循环,即代码第②行。

上述代码运行结果如下:

```
Count is: 0
```

```
Count is: 1
Count is: 2
Game Over!
```

6.5 动手练一练

1. 选择题

（1）以下代码执行后，c 的值为多少？（   ）

```c
# include < stdio. h>

int main() {
    int a = 3, b = 4, c = 5;
    if (a > b) {
        c = a;
    }
    printf(" % d", c);
    return 0;
}
```

    A. 3   B. 4   C. 5   D. 无法确定

（2）以下哪个语句可以让循环跳过本次迭代进入下一次迭代？（   ）

    A. continue 语句   B. break 语句   C. return 语句   D. goto 语句

（3）下列语句执行后，x 的值是（   ）。

```c
# include < stdio. h>

int main() {
    int a = 3, b = 4, x = 5;
    if (a < b) {
        a++;
        ++x;
    }
    printf(" % d", x);
    return 0;
}
```

    A. 5   B. 3   C. 4   D. 6

（4）以下代码执行后，输出结果中包含哪些选项？（   ）

```c
# include < stdio. h>

int main() {
    int n = 10;
    while (n > 0) {
        if (n == 5) {
            break;
        }
```

```
        printf("%d", n);
        n--;
    }
    return 0;
}
```

  A. 1 0 9 8 7 6 B. 1 0 9 8 7 C. 1 0 9 8   D. 无输出结果

2. 判断题

（1）在 C 语言中，for 循环语句中的三个表达式都是可选的。   （ ）

（2）在 C 语言中，do-while 循环语句至少会被执行一次。   （ ）

3. 编程题

编写一个程序，要求用户输入一个正整数 n，然后输出从 $1 \sim n$ 的所有奇数。

第 7 章

数 组

本章首先讲解 C 语言中数组的基本特性：一致性、有序性和不可变性，然后讲解如何声明和初始化数组。读者应重点掌握一维数组，熟悉二维数组，了解三维数组。

主要掌握以下几点。

（1）数组的基本特性；

（2）一维数组；

（3）二维数组；

（4）多维数组。

7.1 数组那些事儿

数组是派生数据类型的一种，是能够保存多个相同类型数据的容器，是计算机语言中非常重要的数据类型。

7.1.1 数组的基本特性

数组有如下三个基本特性：

(1) 一致性：数组只能保存相同类型的数据。

(2) 有序性：数组中的元素是有序的，通过数组下标进行访问，如图 7-1 所示。

(3) 不可变性：数组一旦初始化，则长度(数组中元素的个数)不可变。

图 7-1 字符数组的顺序

7.1.2 数组的维度

数组根据维度，可以分为一维数组、二维数组、三维数组等。一般很少使用三维以上数组，因为维度越高，计算效率越低。

7.2 一维数组

微课视频

对数组的基本操作，一般是声明数组、初始化数组和访问数组元素。下面从一维数组开始讲起。

7.2.1 声明一维数组

声明数组指的是指定数组的类型和长度，并为数组开辟内存空间，示例代码如下：

```
// 7.2.1 声明一维数组
int array1[4];
```

声明数组的长度是 4，即包含 4 个元素的 int 类型数组 array1。

7.2.2 初始化一维数组

声明数组指为数组的每一个元素都开辟内存空间，内存空间开辟后，还应该为每一个元素提供初始值，即初始化数组。如果没有为数组提供初始值，系统就会为其提供默认值，例如 int 类型数据的默认值是 0，浮点类型数据的默认值是 0.0 等。

示例代码如下：

```
//7.2.2 初始化一维数组

# include < stdio. h>

int main() {
  // 声明包含 4 个元素的 int 类型数组
```

```
    int array1[4];                                    ①
    printf("array1 占用字节:% lu\n", sizeof(array1));

    // 初始化
    array1[0] = 7;                                    ②
    array1[1] = 2;
    array1[2] = 9;
    array1[3] = 10;                                   ③

    // 声明且初始化数组
    int array2[4] = {7, 2, 9, 10};
    printf("array2 占用字节:% lu\n", sizeof(array2));

    int array3[ ] = {7, 2, 9, 10};                    ④

    return 0;
}
```

上述代码第①行是声明包含 4 个元素的 int 类型数组，代码第②～③行分别初始化数组中的每一个元素。

上述代码第④行是声明并初始化数组 array3，array3[ ]是省略元素的个数，大括号中的内容是数组中的元素，元素之间以逗号分隔。

上述代码运行结果如下：

```
array1 占用字节:16
array2 占用字节:16
```

两个数组都占用 16 字节，因为一个 int 类型的数据占用 4 字节，每个数组都有 4 个元素，所以每个数组都占用 16 字节。

7.2.3 访问一维数组中的元素

对一维数组中元素的访问可以通过中括号运算符和数组元素的索引进行，如图 7-2 所示。

图 7-3 所示是 array 数组，array[0]就是访问 array 数组的第 1 个元素，其中 0 是索引。注意，数组索引从 0 开始，从前往后依次加 1，最后一个元素的索引是数组的长度减 1。

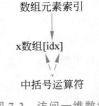

图 7-2　访问一维数组中元素

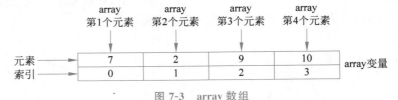

图 7-3　array 数组

示例代码如下：

```
//7.2.3 访问一维数组中的元素

# include < stdio. h>

int main() {
    // 声明并初始化数组
    int array[] = {7, 2, 9, 10};

    // 计算数组的长度
    int length = sizeof(array) / sizeof(array[0]);

    // 遍历数组 array
    for (int i = 0; i < length; i++) {          ①
        printf(" % d\n", array[i]);             ②
    }

    printf(" % d\n", array[ - 10]);             ③
    printf(" % d\n", array[10]);                ④
    return 0;
}
```

（1）上述代码第①行通过 for 循环语句遍历数组，访问数组元素。

（2）代码第②行访问数组元素。

（3）代码第③行和第④行指定的索引超出范围，返回的数据是随机、无意义的。

上述代码运行结果如下：

```
7
2
9
10
4199840
4199367
```

7.3　二维数组

在二维数组中，每一个元素仍是一个一维数组，如图 7-4 所示。

图 7-4　二维数组

7.3.1　声明二维数组

在声明一维数组时，需要指定数组的类型和长度。而在声明二维数组时，除了需要指定数组的类型，还需要指定行和列的长度，就是行数和列数。

示例代码如下：

```
// 7.3.1 声明二维数组

#include <stdio.h>

int main() {
    // 声明 2 行 3 列 double 类型数组
    double balance[2][3];
    printf("balance 占用字节：%lu\n", sizeof(balance));
    return 0;
}
```

上述代码运行结果如下：

```
balance 占用字节：48
```

从上述运行结果可见，balance 数组占用 48 字节，因为该数组有 6 个 double 类型的元素，每一 double 类型数据都占用 8 字节，所以整个数组占用 48 字节。

> 💡**提示**　%lu 是 C 语言中的格式转换控制符（format specifier），用于指定输出为无符号长整数（unsigned long）的格式。

7.3.2　初始化二维数组

初始化二维数组主要有两种方法。

（1）通过一维数组初始化二维数组，如图 7-5 所示。

示例代码如下：

```
//7.3.2 初始化二维数组（通过一维数组初始化二维数组）

#include <stdio.h>

using namespace std;

int main() {
    // 通过一维数组初始化二维数组
    double balance[2][3] = {5.2, 3.0, 4.5, 9.1, 0.1, 0.3};
    return 0;
}
```

（2）通过数组嵌套初始化二维数组，如图 7-6 所示。

示例代码如下：

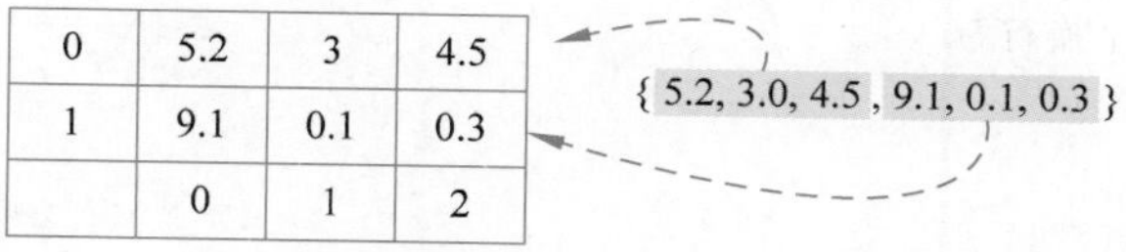

0	5.2	3	4.5
1	9.1	0.1	0.3
	0	1	2

{ 5.2, 3.0, 4.5 , 9.1, 0.1, 0.3 }

图7-5　通过一维数组初始化二维数组

//7.3.2 初始化二维数组(通过数组嵌套初始化二维数组)

```c
# include < stdio.h >

int main() {
    // 通过数组嵌套初始化
    double balance[2][3] = {
        {5.2, 3.0, 4.5},
        {9.1, 0.1, 0.3}
    };

    return 0;
}
```

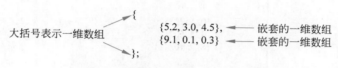

大括号表示一维数组

```
{
    {5.2, 3.0, 4.5},  ←—— 嵌套的一维数组
    {9.1, 0.1, 0.3}  ←—— 嵌套的一维数组
};
```

图7-6　通过数组嵌套初始化二维数组

7.3.3　访问二维数组中的元素

对二维数组中元素的访问也是通过中括号运算符和数组元素的索引进行的,语法格式如下:

x 数组[行索引][列索引]

示例代码如下:

```c
//7.3.3 访问二维数组中的元素
# include < stdio.h >

int main() {
    // 声明并初始化 2 行 3 列 double 类型数组
    double balance[2][3] = {
        {5.2, 3.0, 4.5},
        {9.1, 0.1, 0.3}
    };

    for (int i = 0; i < 2; i++) {              // 行循环
        for (int j = 0; j < 3; j++) {          // 列循环
            printf("%.1lf\t", balance[i][j]);  // 输出元素值
        }
```

```
        // 打印一个换行符
        printf("\n");
    }
    return 0;
}
```

上述代码运行结果如下：

```
5.2     3.0     4.5
9.1     0.1       0.3
```

微课视频

7.4　三维数组

在三维数组中，可以将数组看作由多个二维数组堆叠起来构成的。为了方便描述和操作，通常将每个二维数组称为"一页"，并用第一个维度表示页数。因此，在二维数组中，第一维表示行，第二维表示列；在三维数组中，第一维表示页，第二维表示行，第三维表示列，如图 7-7 所示。

```
{
    {       {0, 1, 2, 3},
            {4, 5, 6, 7},         ◀——— 第1页
            {8, 9, 10, 11}
    },

    {       {12, 13, 14, 15},
            {16, 17, 18, 19},     ◀——— 第2页
            {20, 21, 22, 23}
    }
};
```

图 7-7　三维数组

对三维数组中元素的声明和访问与二维数组类似，就是麻烦一些，示例代码如下：

//7.4 三维数组

```
# include < stdio.h >

int main() {
    int array3d[2][3][4] = {                    ①
        {   {0, 1, 2, 3},
            {4, 5, 6, 7},
            {8, 9, 10, 11}
        },

        {   {12, 13, 14, 15},
            {16, 17, 18, 19},
            {20, 21, 22, 23}
        }
```

```
    };

    printf("array3d 占用字节:%d\n", sizeof(array3d));

    for (int i = 0; i < 2; i++) {                        ②
        for (int j = 0; j < 3; j++) {
            for (int k = 0; k < 4; k++) {
                printf("%d    ", array3d[i][j][k]);
            }
            // 打印一个换行符
            printf("\n");
        }
        // 打印一个换行符
        printf("----- %d 页结束 ------- \n", i + 1);
    }

    return 0;
}
```

（1）上述代码第①行声明有一个 2 页 3 行 4 列的三维数组。

（2）代码第②行通过三个 for 循环语句遍历数组。

上述代码运行结果如下：

```
array3d 占用字节:96
0      1      2      3
4      5      6      7
8      9      10     11
-----1 页结束 -------
12     13     14     15
16     17     18     19
20     21     22     23
-----2 页结束 -------
```

7.5 动手练一练

1. 选择题

（1）下面哪个选项正确声明了整型数组 a[]？（   ）

    A. int a[]　　　　B. int a[2]　　　　C. int[2] a　　　　D. int a()

（2）下面哪个选项正确初始化了整型数组 a[]？（   ）

    A. int a[2] = {9, 10}　　　　　　　B. int a[2] = new int{9, 10}

    C. int a[2] = [9, 10]　　　　　　　D. int a[2]

    a[0] = 9

    a[1] = 10

（3）数组的基本特性有哪些？（   ）

A. 一致性   B. 有序性

C. 可变性   D. 随机访问性

2. 判断题

(1) 数组的长度是可变的。   (   )

(2) 对数组中元素的访问可以通过索引进行，数组的索引是从 1 开始的。 (   )

3. 编程题

(1) 从控制台输入一个整数 n，声明有 n 个元素的整型数组。

(2) 初始化 0～999 共计 1000 个元素的整型数组，利用这个数组计算水仙花数（水仙花数指一个三位数，它的每个位上的数字的三次幂之和等于它本身）。

第 8 章

指 针

指针是 C 语言中比较难的知识点，它很抽象，但功能很强大，可直接访问内存，所以也会导致很多问题，本章重点介绍 C 语言中的指针类型。

8.1 C 语言指针

指针是用来保存其他变量的内存地址的变量。

如图 8-1 所示，变量 x 在初始化后，系统会为其分配内存空间，假设变量 x 的内存地址是 0x61ff08，如果用一个变量 pt 保存该内存地址，那么变量 pt 就是指针变量。

8.1.1 声明指针变量

声明指针变量的语法格式如下：

```
datatype * variable_name;
```

微课视频

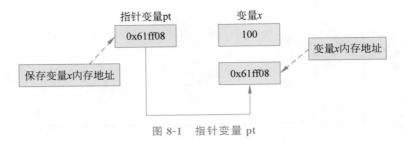

图 8-1　指针变量 pt

其中，datatype 代表 C 语言中的变量类型；"＊"在这里将其称为间接寻址运算符；variable_name 是指针变量名。

示例代码如下：

```
// 8.1.1 声明指针变量

# include < stdio. h>
# include < stdio. h>

int main() {
    // 声明 int 类型指针变量 a
    int ＊ a;
    // 声明 float 类型指针变量 b
    float ＊ b;                    ①
    // 声明 char 类型指针变量 c
    double ＊ c;                   ②

    return 0;
}
```

（1）上述代码第①行声明 float 类型的指针变量 b，注意，"＊"与数据类型及变量名之间可以没有空格。

（2）上述代码第②行声明 double 类型的指针变量 c，注意，"＊"与数据类型及变量名之间可以有任意多个空白（包括空格、制表符等），但一般推荐用一个空格。

微课视频

8.1.2　获取变量的内存地址

若想获取一个变量的内存地址，可以使用 & 运算符，获得变量地址的示例代码如下：

```
//8.1.2 获取变量的内存地址

# include < stdio. h>

int main() {
  // 声明变量 x
  int x = 100;
  printf("变量 x 地址：% p\n", &x);

  // 声明并初始化指针变量 pt
```

```
    int * pt = &x;                                    ①

    // 通过指针访问变量 x
    printf("通过指针访问变量 x:% d\n", * pt);          ②

    return 0;
}
```

（1）代码第①行的 &x 是获取变量 x 的内存地址并将该地址赋值给指针变量 pt。

（2）代码第②行的 * pt 是打印指针变量 pt 所指向的变量。

上述示例代码运行结果如下：

```
变量 x 地址：000000000061FE14
通过指针访问变量 x:100
```

> 💡提示　%p 是 C 语言中的格式转换控制符，用于输出指针变量的值。

8.2　指针进阶

8.2.1　指针与数组

指针与数组的关系非常密切，为了理解它们之间的关系，先来介绍数组的底层原理。数组一旦初始化后，它的各个元素的内存地址就分配好了，其中有一个规则：数组中的每一个元素的内存地址都是连续的。

如果使用 & 运算符获取数组的内存地址，则事实上是获取了它的第 1 个元素的内存地址，其他元素的内存地址依次加 1，数组的内存分配如图 8-2 所示。

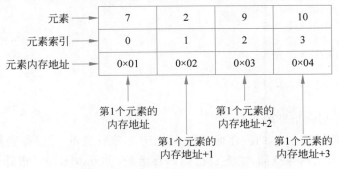

图 8-2　数组的内存分配

示例代码如下：

```
//8.2.1 指针与数组

# include < stdio.h >
```

```
int main() {
    // 声明 int 类型的指针变量
    int * ptr = NULL;                                           ①

    // 声明并初始化数组
    int array[] = {7, 2, 9, 10};

    // 获取数组地址
    ptr = array;

    printf("变量 x 地址：%p\n", ptr);

    printf("获得数组 array 的第 1 个元素：%d\n", *(ptr + 0));   ②
    printf("获得数组 array 的第 2 个元素：%d\n", *(ptr + 1));   ③
    printf("获得数组 array 的第 3 个元素：%d\n", *(ptr + 2));
    printf("获得数组 array 的第 4 个元素：%d\n", *(ptr + 3));

    return 0;
}
```

（1）上述代码第①行声明 int 类型的指针变量，NULL 表示空指针，在声明指针变量时，如果没有确切的地址可以赋值，则为指针变量赋一个 NULL 值是一个良好的编程习惯，这可以防止指针指向不确定的内存地址。

（2）上述代码第②行中的 *(ptr + 0)是指针表达式，用来计算数组元素的地址，ptr 是数组开始的地址，所以 ptr + 0 是数组第 1 个元素的地址，*(ptr + 0)等同于 array[0]。

（3）上述代码第③行中的 *(ptr + 1)是指针表达式，用来计算数组元素的地址，ptr 是数组开始的地址，所以 ptr + 1 是数组第 2 个元素的地址，*(ptr + 1)等同于 array[1]。

上述示例代码运行结果如下：

```
变量 x 地址：000000000061FE00
获得数组 array 的第 1 个元素：7
获得数组 array 的第 2 个元素：2
获得数组 array 的第 3 个元素：9
获得数组 array 的第 4 个元素：10
```

8.2.2　二级指针

微课视频

二级指针就是指向指针的指针。

在图 8-3 中，假设变量 x 的内存地址是 0x61ff08，指针变量 pt 保存变量 x 的内存地址；指针变量 pt 也会占用内存空间，也有自己的内存地址，如 0x61ff10。指针变量 pptr 保存了 pt 变量的内存地址，pptr 是指向 pt 指针的指针变量，即二级指针。

图 8-3　二级指针

示例代码如下：

```
// 8.2.2 二级指针

# include < stdio. h >

int main() {
    // 声明变量 x
    int x = 100;
    // 声明并初始化指针变量 pt
    int * pt = &x;

    printf("变量 x 地址：% p\n", pt);

    // 声明并初始化二级指针变量 pptr
    int ** pptr = &pt;                      ①
    printf("变量 pt 地址：% p\n", pptr);

    printf("通过指针访问变量 x:% d\n", * pt);
    printf("通过二级指针访问变量 x:% d\n", ** pptr);   ②

    return 0;
}
```

上述代码第①行使用两个"＊"表明是二级指针变量 pptr。

上述代码第②行通过两个"＊"访问指针变量 pptr 所指向的内容。

上述示例代码运行结果如下：

```
变量 x 地址：000000000061FE14
变量 pt 地址：000000000061FE08
通过指针访问变量 x:100
通过二级指针访问变量 x:100
```

8.3 动手练一练

1. 选择题

（1）下列哪个选项是正确的指针声明形式 a？（   ）

    A. int　＊a;　　　　B. int＊　a;　　　　C. ＊int　a;　　　　D. int　＊　a;

（2）下列选项中哪些可获取变量 a 的内存地址？（   ）

    A. &a;　　　　　　B. &　a;　　　　　　C. ＊a;　　　　　　D. ＊ a;

2. 判断题

（1）如果获取到数组的第 1 个元素的内存地址 p，那么数组的第 3 个元素的内存地址就是 p＋2。

                                            （   ）

（2）二级指针在本质上就是一个指针。 （ ）

3．编程题

给定如下数组，通过指针访问该数组的元素，然后找出数组的最大值，并将结果输出到控制台。

{23.4，−34.5，50.0，33.5，155.5，−66.5}

## 第 9 章

字 符 串

C 语言中的字符串非常重要,它们是处理文本数据的基础。掌握 C 语言中字符串的使用方法和字符串处理函数的使用,能够帮助我们更加高效地开发程序,本章介绍字符串。

9.1 字符串概述

字符串是由一系列字符组成的序列,可以使用一对双引号("")将字符序列引起来表示。例如,"Hello"是一个字符串,其中包含了 5 个字符 H、e、l、l、o。在 C 语言中,字符串以 null 结尾,即'\0',这个字符表示字符串的结尾。

示例代码如下:

```
// 9.1 字符串概述

# include < stdio. h>

int main() {
```

```
    char str[] = "Hello";               // 声明并初始化字符串 str 为"Hello"
    printf(" % s\n", str);              // 输出字符串 str 的值

    // 计算数组的长度
    int length = sizeof(str) / sizeof(str[0]);    // 计算字符串 str 的长度
    printf("字符串 str 长度:% d\n", length);        // 输出字符串 str 的长度

    return 0;
}
```

上述示例代码运行结果如下：

```
Hello
字符串 str 长度: 6
```

> 💡提示　"Hello"字符串的长度是 5，为什么上面示例代码输出的是 6 呢？这是因为 C 语言编译器会在初始化数组时，自动把空字符 null 放在字符串的末尾，空字符 null 在计算机中表示为'\0'。"Hello"字符串在内存中的表示如图 9-1 所示，其长度为 6。

元素 →	H	e	l	l	o	\0
索引 →	0	1	2	3	4	5

图 9-1　"Hello"字符串

微课视频

9.2　声明字符串

在 C 语言中，主要有如下两种声明字符串的方法：

（1）字符数组，可以使用字符数组存储字符串，代码如下：

```
char str[] = "Hello";
```

9.1 节示例代码中的字符串就是采用字符数组实现的。

（2）指针变量，可以使用指针变量存储字符串，代码如下：

```
char * str = "Hello";
```

有关指针的概念将在第 12 章再详细介绍。

> 💡提示　字符数组和指针变量都可以用于表示字符串，但字符数组是静态分配的，大小固定且字符串长度不能动态修改；而指针变量是动态分配的，大小可变且字符串长度可以动态修改。

示例代码如下：

```
// 9.2 声明字符串
```

```
# include < stdio. h >

int main() {
  // 字符数组表示的字符串
  char str_arr[] = "Hello";
  // 通过下标访问字符串的元素
  printf("字符数组表示的字符串:\n");
  for (int i = 0; i < sizeof(str_arr) / sizeof(str_arr[0]); i++) {      ①
    printf(" % c", str_arr[i]);                                        ②
  }
  printf("\n");

  // 指针变量表示的字符串
  char * p_str = "Hello";
  // 通过指针访问字符串的元素
  printf("指针变量表示的字符串:\n");
  while ( * p_str != '\0') {                                           ③
    printf(" % c", * p_str);
    p_str++;                                                          ④
  }
  printf("\n");

  return 0;
}
```

（1）上述代码第①行通过 for 循环语句遍历字符串中每一个字符。

（2）代码第②行通过下标的方式访问字符串的每一个元素。

（3）代码第③行通过 while 循环语句遍历字符串中每一个字符，指针变量 p_str 指向字符串的首字符，当判断是字符串的结束符'\0'时结束循环。

（4）代码第④行将指针 p_str 向后移动一位，继续访问下一个字符。

上述示例代码运行结果如下：

```
字符数组表示的字符串:
Hello
指针变量表示的字符串:
Hello
```

🖢提示　% c 是格式转换控制符，用于在 printf() 函数中输出单个字符。

C 语言标准库中的字符串是通过 string 类表示的。

示例代码如下：

```
//C 语言标准库中的字符串类型

# include < iostream >
# include < string >                        ①
using namespace std;                         ②
```

```
int main() {
    string str1 = "Hello";                    ③
    std::string str2; // 初始化空字符串          ④
    string str3(str1); // 通过 str1 字符串初始化 str3 字符串

    cout << str1 << endl;

    // 计算数组的长度
    cout << "通过 length() 函数获得字符串 str1 长度:" << str1.length() << endl;   ⑤
    cout << "通过 length() 函数获得字符串 str2 长度:" << str2.length() << endl;
    cout << "通过 size() 函数获得字符串 str1 长度:" << str1.size() << endl;        ⑥
    cout << "通过 size() 函数获得字符串 str2 长度:" << str2.size() << endl;

    return 0;
}
```

（1）上述代码第①行包含头文件< string >，string 类是在头文件< string >中声明的。

（2）上述代码第②行告诉编译器，后续的代码正在使用命名空间 std，std 是 C 语言的标准库中的库名。

（3）上述代码第③行声明变量 str1 为 string 类，string 类是 C 语言标准库提供的字符串类，str1 是 string 类所创建的对象。

（4）由于使用了 using namespace std，所以上述代码第④行可以省略 std::。

（5）上述代码第⑤行中 length() 是 string 函数，可用于获得字符串的长度，通过 str1 对象加点（.）运算符访问。

（6）上述代码第⑥行中 size() 函数也可用于获得字符串的长度。

上述示例代码运行结果如下：

```
Hello
通过 length() 函数获得字符串 str1 长度:5
通过 length() 函数获得字符串 str2 长度:0
通过 size() 函数获得字符串 str1 长度:5
通过 size() 函数获得字符串 str2 长度:0
```

提示　类和对象是什么关系呢？类是对客观事物的抽象，例如 student 是对一个班级中张同学、李同学等具有共同的属性和行为个体的抽象，而对象是类实例化的个体。

9.3　字符串的基本操作

C 语言中字符串的基本操作包括字符串声明、输入输出、拼接、比较、长度计算和查找等，这些操作能够满足日常的字符串处理需求。其中输入输出已经在 2.6 节介绍了，这里不再赘述，下面重点介绍字符串的拼接、比较和查找操作。

微课视频

9.3.1　字符串拼接

在 C 语言中,可以使用 strcat()函数将两个字符串拼接成一个字符串,其函数声明语法格式如下:

```
char * strcat(char * destination, const char * source)
```

其中,destination 表示目标字符串的指针;source 表示源字符串的指针,该函数返回一个指向目标字符串的指针。

strcat()函数会将源字符串的字符复制到目标字符串的末尾,直到遇到源字符串的 null 终止符。目标字符串必须足够大,以容纳源字符串的字符和 null 终止符,否则可能导致缓冲区溢出。

示例代码如下:

```
// 9.3.1 字符串拼接
# include < stdio. h >
# include < string. h >                          ①

int main() {
  char str1[20] = "你好";
  char str2[20] = "世界";

  printf("拼接前:\n");
  printf("str1 = % s, 长度 = % d\n", str1, strlen(str1));
  printf("str2 = % s, 长度 = % d\n", str2, strlen(str2));

  strcat(str1, str2);                            ②

  printf("\n 拼接后:\n");
  printf("str1 = % s, 长度 = % d\n", str1, strlen(str1));
  printf("str2 = % s, 长度 = % d\n", str2, strlen(str2));

  return 0;
}
```

(1) 上述代码第①行包含< string. h >头文件,它也是一个 C 语言标准库的头文件,包含了很多对字符串处理有用的函数的声明,例如 strlen()、strcat()、strcmp()等。

(2) 代码第②行 strcat()函数将 str2 的内容拼接到 str1 的末尾。

(3) 示例代码中,strlen()函数用于计算字符串的长度。

上述示例代码运行结果如下:

```
拼接前:
str1 = 你好, 长度 = 6
str2 = 世界, 长度 = 6

拼接后:
```

```
str1 = 你好世界, 长度 = 12
str2 = 世界, 长度 = 6
```

微课视频

9.3.2　字符串比较

在 C 语言中,字符串比较是通过 strcmp() 函数实现的。strcmp() 函数用于比较两个字符串的大小关系,如果字符串相同,则返回 0;如果第一个字符串小于第二个字符串,则返回一个负数;如果第一个字符串大于第二个字符串,则返回一个正数。其函数声明语法格式如下:

```
int strcmp(const char * str1, const char * str2);
```

其中,str1 和 str2 分别是要进行比较的两个字符串。函数返回值为整型,根据比较结果不同可能返回以下三个值之一:

(1) 如果 str1 等于 str2,则返回 0;

(2) 如果 str1 小于 str2,则返回一个小于 0 的数;

(3) 如果 str1 大于 str2,则返回一个大于 0 的数。

示例代码如下:

```c
// 9.3.2  字符串比较
# include < stdio.h >
# include < string.h >

int main() {
    char str1[] = "apple";
    char str2[] = "banana";
    char str3[] = "apple";

    int result1 = strcmp(str1, str2);
    int result2 = strcmp(str1, str3);

    printf("strcmp(\" % s\", \" % s\") = % d\n", str1, str2, result1);
    printf("strcmp(\" % s\", \" % s\") = % d\n", str1, str3, result2);

    return 0;
}
```

上述示例代码首先声明了三个字符串：str1 为"apple",str2 为"banana",str3 为"apple",然后程序使用 strcmp() 函数比较 str1 和 str2,以及 str1 和 str3 的大小,并将结果打印到控制台上。

上述示例代码运行结果如下:

```
strcmp("apple", "banana") = -1
strcmp("apple", "apple") = 0
```

微课视频

9.3.3　字符串查找

在 C 语言中,可以使用 strstr()函数进行字符串查找。该函数可以在一个字符串中查找指定子字符串,并返回该子字符串在原字符串中的位置,该函数声明语法格式如下:

```
char * strstr(const char * haystack, const char * needle);
```

其中,haystack 参数是要被查找的原字符串,needle 参数是要查找的子字符串。如果找到了 needle 字符串,则该函数返回一个指向 haystack 中该子字符串的指针;如果没有找到,则返回 NULL(是一个宏定义,表示空指针)。

示例代码如下:

```
// 9.3.3 字符串查找
# include < stdio. h>
# include < string. h>

int main() {
  char str[] = "hello world";
  char * ptr;

  ptr = strstr(str, "world");
  if (ptr != NULL) {
    printf("在\" % s\"中找到了\" % s\",位置为 % d. \n", str, "world", ptr - str);   ①
  } else {
    printf("在\" % s\"中未找到\" % s\".\n", str, "world");
  }

  return 0;
}
```

上述代码第①行中的 ptr-str 表示两个指针的差值,其中 ptr 是指向字符串"world"第一次出现的位置的指针,而 str 是指向字符串"hello world"的起始位置的指针。差值代表了在字符串"hello world"中找到子字符串"world"的位置。

上述示例代码运行结果如下:

```
在"hello world"中找到了"world",位置为 6。
```

9.4　动手练一练

1. 选择题

(1) 下列哪些选项能正确声明字符串?(　　　)

    A.　char str[] = "Hello";

    B.　char * str = "Hello";

    C.　char str[6] = "Hello";

    D.　int str[] = {72, 101, 108, 108, 111, 0};

（2）下列哪些选项能够将两个字符串拼接起来？（　　　）

A．strcat()函数   B．sprintf()函数

C．substr()函数   D．append()函数

（3）下列哪些选项能够实现字符串查找？（　　　）

A．strstr()函数   B．strchr()函数

C．strcmp()函数   D．strcpy()函数

2．判断题

进行字符串比较时，首先比较它们的第 1 个字符的 ASCII 值大小，ASCII 值大的字符串大；如果第 1 个字符的 ASCII 值相等，则比较第 2 个字符的 ASCII 值，直到分出大小为止。　　　　　　　　　　　　　　　　　　　　　　　　　　　　　　　　　　（　　　）

3．编程题

从控制台输入一个字符串，编写程序，将该字符串翻转过来，比如将"Hello"翻转为"olleH"。

第 10 章

用户自定义数据类型

在 C 语言中,用户可以使用枚举、结构体和联合等语法机制定义自己的数据类型,这些被称为用户自定义数据类型。

10.1 枚举

使用枚举可以提高程序的可读性,下面先来看没有使用枚举的代码:

```
// 10.1-1 枚举

# include < string >
using namespace std;

int main() {
    // 季节变量
    int varseason;
    cout << "请输入 0～3 的整数:" << endl;
```

```
      // 从键盘读取季节
      cin >> varseason;
      switch (varseason) {
         // 如果是春天
         case 0:
            cout << "多出去转转。" << endl;
            break;

         // 如果是夏天
         case 1:
            cout << "钓鱼游泳。" << endl;
            break;
         // 如果是秋天
         case 2:
            cout << "秋收了。" << endl;
            break;

         default:
            cout << "在家待着。" << endl;
      }
      return 0;
   }
```

上述代码可读性较差，case 语句中的数字 0、1 等不清楚代表什么。为了提高程序的可读性，可以使用枚举。例如：

```
// 10.1-2 枚举

#include <stdio.h>

// 定义枚举
enum season {          // 枚举名称为 season           ①
   spring,             // 定义春成员，值为 0
   summer,             // 定义夏成员，值为 1
   autumn,             // 定义秋成员，值为 2
   winter              // 定义冬成员，值为 3
};

int main() {
   // 季节变量
   int varseason;
   printf("请输入 1～4 的整数:\n");
   // 从键盘读取季节
   scanf("%d", &varseason);
   switch (varseason) {
      // 如果是春天
      case spring:                                    ②
         printf("多出去转转。\n");
         break;
```

```
      // 如果是夏天
      case summer:
        printf("钓鱼游泳。\n");                              ③
        break;
      // 如果是秋天
      case autumn:
        printf("秋收了。\n");                                ④
        break;
      default:
        printf("在家待着。\n");
    }
  return 0;
}
```

（1）上述代码第①行定义枚举 season，其中 enum 是定义枚举的关键字，它有 4 个成员，第 1 个成员的默认值是 0，其他值依次加 1。

（2）上述代码第②行使用枚举成员 spring 替代 0，程序可读性好。

（3）上述代码第③行使用枚举成员 summer 替代 1，程序可读性好。

（4）上述代码第④行使用枚举成员 autumn 替代 2，程序可读性好。

上述示例运行结果不再赘述。

另外，开发人员还可以设置这些成员值，示例代码如下：

```
// 10.1-3 枚举

# include < stdio. h >
// 定义枚举
enum season {          // 枚举名称为 season                ①
  spring = 1,          // 定义春成员,值为 1                 ②
  summer,              // 定义夏成员,值为 2
  autumn,              // 定义秋成员,值为 3
  winter               // 定义冬成员,值为 4
};

int main() {
  // 季节变量
  int varseason;
  printf("请输入 1～4 的整数:\n");
  // 从键盘读取季节
  scanf(" % d", &varseason);
  switch (varseason) {
    // 如果是春天
    case spring:
      printf("多出去转转。\n");
      break;

    // 如果是夏天
    case summer:
      printf("钓鱼游泳。\n");
```

```
        break;
    // 如果是秋天
    case autumn:
        printf("秋收了。\n");
        break;
    default:
        printf("在家待着。\n");
    }
    return 0;
}
```

上述代码第①行定义枚举 season，代码第②行设置它的 spring 成员值为 1，其后的其他值依次加 1。

10.2 结构体

图 10-1 学生信息

结构体是不同类型的数据的集合，而数组是相同类型的数据的集合，如图 10-1 所示是学生（Student）信息，它包括学号（id）、姓名（name）、年龄（age）和性别（gender）4 个成员（或称之为字段）。

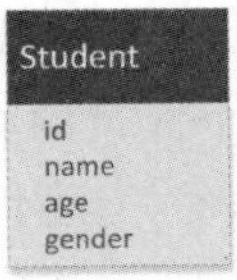

创建学生信息结构体示例代码如下：

```
// 10.2 结构体
# include < stdio. h>

// 定义结构体 Student 类型
struct Student {                        ①
    int id;              // 学号成员
    char name[20];       // 姓名成员
    int age;             // 年龄成员
    char gender;         // 性别成员,字符类型 'M'表示男, 'F'表示女
};

int main() {
    // 初始化结构体变量 stu1
    struct Student stu1 = {1001, "张三", 18, 'M'};

    // 输出结构体成员值
    printf("学号: % d\n", stu1.id);
    printf("姓名: % s\n", stu1.name);
    printf("年龄: % d\n", stu1.age);
    printf("性别: % c\n", stu1.gender);

    return 0;
}
```

上述代码第①行定义结构体 Student，需要使用 struct 关键字。

示例代码运行结果如下：

```
学号:1001
姓名:张三
年龄:18
性别:M
```

10.2.1 结构体变量

结构体定义好之后就可以用了,结构体是一种自定义的数据类型,它可以声明变量,也可以声明结构体指针变量。

结构体变量示例代码如下:

```
// 10.2.1 结构体变量
# include < stdio. h >
# include < string. h >

// 定义结构体 Student 类型
struct Student {
  int id;              // 学号成员
  char name[20];       // 姓名成员
  int age;             // 年龄成员
  char gender;         // 性别成员,字符类型 'M'表示男, 'F'表示女
};

int main() {
  // 声明 Student 结构体变量 stu1
  struct Student stu1;                          ①

  stu1.id = 100;                                ②
  strcpy(stu1.name, "江小白");
  stu1.age = 18;
  stu1.gender = 'M';

  // 声明 Student 结构体变量 stu2
  struct Student stu2;                          ③
  stu2.id = 100;
  strcpy(stu2.name, "张小红");                   ④
  stu2.age = 17;
  stu2.gender = 'F';

  printf(" ----------- 打印学生 1 的信息 ----------- \n");
  printf("姓名:% s\n", stu1.name);
  printf("学号:% d\n", stu1.id);
  printf("年龄:% d\n", stu1.age);
  if (stu1.gender == 'F')
    printf("性别:女\n");
  else
    printf("性别:男\n");
```

```
    printf(" ----------- 打印学生 2 的信息 ----------- \n");
    printf("姓名:% s\n", stu2.name);
    printf("学号:% d\n", stu2.id);
    printf("年龄:% d\n", stu2.age);
    if (stu2.gender == 'F')
        printf("性别:女\n");
    else
        printf("性别:男\n");

    return 0;
}
```

（1）上述代码第①行声明 Student 结构体变量 stu1。

（2）代码第②行通过点(.)运算符访问结构体的 id 成员。

（3）代码第③行声明 Student 结构体变量 stu2。

（4）代码第④行使用 strcpy()函数将一个字符串"张小红"复制到 stu2.name 变量中。

上述示例代码运行结果如下：

```
----------- 打印学生 1 的信息 -----------
姓名:江小白
学号:100
年龄:18
性别:男
----------- 打印学生 2 的信息 -----------
姓名:张小红
学号:100
年龄:17
性别:女
```

💡**提示**　在 C 语言中,字符串是以字符数组的形式存储的,因此不能直接使用"＝"运算符将一个字符串赋值给一个字符类型的变量。使用 strcpy()函数可以将一个字符串复制到字符数组中。

10.2.2　结构体指针变量

10.2.1 节示例代码介绍的是使用结构体变量,本节介绍使用结构体指针变量。

示例代码如下：

```
// 10.2.2 结构体指针变量

# include < stdio. h>
# include < string. h>

struct Student {
    int id;
```

```
    char name[20];
    int age;
    char gender;
};

int main() {
    struct Student stu;                                    ①
    struct Student * stu_ptr = &stu;                       ②

    stu_ptr -> id = 100;                                   ③
    strcpy(stu_ptr -> name, "张小红");
    stu_ptr -> age = 17;
    stu_ptr -> gender = 'F';

    printf(" ----------- 打印学生信息 ----------- \n");
    printf("姓名:% s\n", stu_ptr -> name);
    printf("学号:% d\n", stu_ptr -> id);
    printf("年龄:% d\n", stu_ptr -> age);
    if (stu_ptr -> gender == 'F')
        printf("性别:女\n");
    else
        printf("性别:男\n");

    return 0;
}
```

（1）上述代码第①行声明 Student 结构体变量 stu。

（2）代码第②行声明 Student 结构体指针变量 stu_ptr。

（3）代码第③行使用箭头运算符(->)指向结构体成员,这是因为 stu_ptr 是指针变量。

上述示例代码运行结果如下:

```
----------- 打印学生信息 -----------
姓名:张小红
学号:100
年龄:17
性别:女
```

10.3　联合

联合和结构体在形式上比较类似,都有若干成员,它们的区别如表 10-1 所示。

表 10-1　结构体和联合的区别

项 目	结 构 体	联 合
成员	每个成员都有自己独立的内存空间	各成员共享相同的内存空间,每次只能存储一个成员
长度	一个结构体变量的总长度是各成员长度之和	一个联合变量的长度由最长的成员长度决定

联合示例代码如下：

```
// 10.3 联合 - 1

#include <stdio.h>

// 定义联合 Data 类型
union Data {                                    ①
    int no;
    double salary;
    char gender;
};

int main() {
    // 声明联合 Data 类型变量 data
    union Data data;                            ②
    printf("%lu\n", sizeof(data));

    data.no = 100;                              ③
    printf("data.no:%d\n", data.no);
    printf("data.gender:%c\n", data.gender);

    data.gender = 'F';                          ④
    printf("data.no:%d\n", data.no);
    printf("data.gender:%c\n", data.gender);

    return 0;
}
```

（1）上述代码第①行定义联合 Data 类型，union 是定义联合的关键字，该联合 Data 有 3 个成员，其中成员 salary 是 double 类型，所占用字节最大，占用 8 字节。所以 Data 声明的变量会占用 8 字节内存空间。

（2）代码第②行声明联合 Data 类型变量 data。

（3）代码第③行给成员 no 赋值，其他成员就不能再用了，即便能读取数据，但没有任何实际意义。

（4）代码第④行给成员 gender 赋值，会覆盖前面赋值给 no 成员的数据。

上述示例代码运行结果如下：

```
8
data.no:100
data.gender:d
data.no:70
data.gender:F
```

从运行结果可见，data 变量占用 8 字节内存空间，no 和 gender 成员被赋值后，其他成员数据被覆盖，其值没有任何实际意义。如果使用联合指针变量访问成员时，需要使用箭头运算符(->)访问成员，示例代码如下：

```
// 10.3 联合 - 2

#include <stdio.h>

// 定义联合 Data 类型
union Data {
  int no;
  double salary;
  char gender;
};

int main() {
  // 声明联合 Data 类型变量 data1 和 data2
  union Data data1, data2;

  data1.no = 100;
  printf("data.no: % d\n", data1.no);
  printf("data.gender: % c\n", data1.gender);

  // 声明 Data 联合指针变量 data_ptr
  union Data * data_ptr = &data2;                    ①

  data_ptr -> gender = 'F';                          ②
  printf("data_ptr -> gender: % c\n", data_ptr -> gender);
  printf("data_ptr -> no: % d\n", data_ptr -> no);

  return 0;
}
```

上述代码第①行声明联合 Data 类型的指针变量 data_ptr，代码第②行通过箭头运算符访问联合的成员。

上述示例代码运行结果如下：

```
data.no:100
data.gender:d
data_ptr -> gender:F
data_ptr -> no:70
```

10.4　动手练一练

1. 选择题

（1）下列哪个关键字用于定义结构体类型？（　　　）

    A. enum   B. struct   C. union   D. typedef

（2）下列哪个运算符用于访问结构体变量中的成员？（　　　）

    A. .   B. ->   C. &   D. *

（3）下列哪个运算符用于访问联合变量中的成员？（　　　）

A. .　　　　　　　　B. ->　　　　　　　　C. &　　　　　　　　D. *

（4）下列哪个语句用于定义枚举类型？（　　）

A. int　　　　　　　B. char　　　　　　　C. enum　　　　　　　D. union

（5）下列哪个语句用于给枚举类型的元素赋值？（　　）

A. =　　　　　　　　B. :=　　　　　　　　C. ==　　　　　　　　D. >

2．判断题

（1）枚举中的成员默认从1开始逐个加1。　　　　　　　　　　　　　　（　　）

（2）联合是将不同类型的数据整合在一起的数据集合。　　　　　　　　（　　）

（3）结构体中的每个成员都有自己的独立内存空间。　　　　　　　　　（　　）

（4）联合的各成员共享相同的内存空间，每次只能存储一个成员。　　　（　　）

（5）一个联合变量的长度由其最长的成员长度决定。　　　　　　　　　（　　）

3．编程题

设计一个employee（员工）结构体类型，用来描述员工信息，要求包含员工编号、员工姓名成员，然后声明两个employee结构体变量emp1和emp2。

## 第 11 章

函 数

在 C 语言中,函数是一段封装了特定功能的代码块,具有一个函数名和可以接受输入参数的能力,它可以在程序中被多次执行。函数可以提高程序的可读性和可维护性,也能够实现代码的复用。本章讲解 C 语言中函数相关的内容。

11.1 函数概述

将程序中被反复执行的代码封装到一个代码块中,这个代码块就是函数,函数具有函数名、参数和返回值,如图 11-1 所示是 add()函数,它实现了两个整数相加。函数包括了函数名、参数列表和返回值类型;函数还分为函数头和函数体两部分。

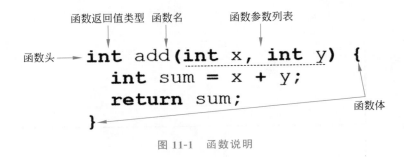

图 11-1 函数说明

11.2 定义函数

在调用函数前需要先定义函数，定义函数的语法格式如下：

返回值类型 函数名(参数列表) {
    函数体
    return 返回值
}

说明如下：

（1）函数名是开发人员自定义的，应遵循标识符命名规范。

（2）在参数列表中有多个参数时，参数之间以逗号（,）分隔。

（3）函数体就是函数要执行的代码块。

（4）函数返回值类型用来说明函数返回数据的类型，如果函数没有返回值，则将返回值类型声明为 void。

（5）return 语句将函数的计算结果返回给调用者，如果函数没有返回值，则 return 语句可省略。

为了实现两个数值的加法运算，可以先定义一个加法运算函数，然后反复调用该函数，示例代码如下。

```
// 11.2 定义函数

#include <stdio.h>

// 定义两个数相加函数
int add(int x, int y) {                              ①
  int sum = x + y;
  return sum;                                        ②
}

int main() {
  int sum;
  // 计算 1 + 1
  sum = add(1, 1);                                   ③
```

```
    printf("计算 1 + 1 =  % d\n", sum);

    // 计算 1 + 2
    sum = add(1, 2);                                    ④
    printf("计算 1 + 2 =  % d\n", sum);

    // 计算 88 + 99
    sum = add(88, 99);                                  ⑤
    printf("计算 88 + 99 =  % d\n", sum);

    return 0;
}
```

（1）上述代码第①行定义两个数相加函数 add()，该函数有 int 类型的参数 x 和 y，这两个参数在调用时会被实际的数值替代，因此被称为形式参数（简称形参），返回值也是 int 类型。

（2）代码第②行通过 return 语句返回函数计算结果。

（3）代码第③～⑤行分别三次调用 add() 函数。调用 add() 函数后，传递两个实际参数（简称实参）。

上述代码执行结果如下：

```
计算 1 + 1 = 2
计算 1 + 2 = 3
计算 88 + 99 =  187
```

11.3　声明函数

函数在调用之前要先声明，函数声明的作用是在程序中告诉编译器函数的名称、参数列表和返回值类型等信息，使得编译器在程序中调用函数时能够正确地识别函数并进行类型检查，避免出现编译错误。函数的声明通常放在程序的开头，可以在定义函数之前或之后。函数头的部分就是函数的声明，其中包括函数名、参数列表和返回值类型等信息。

11.3.1　在同一个文件中声明函数

函数头的部分是对函数的声明，函数头和函数体可以分离。函数声明可以与调用函数的语句放在同一个文件中，也可以分开两个文件。本节先介绍在同一个文件中声明函数的方法，下面是示例代码：

```
// 11.3.1 在同一个文件中声明函数

# include < stdio. h>

// 声明函数
int add( int x, int y);                                 ①

int main() {
```

```
    int sum;
    // 计算 1 + 1
    sum = add(1, 1);
    printf("计算 1 + 1 =  % d\n", sum);

    // 计算 1 + 2
    sum = add(1, 2);
    printf("计算 1 + 2 =  % d\n", sum);

    // 计算 88 + 99
    sum = add(88, 99);
    printf("计算 88 + 99 =  % d\n", sum);
}

// 定义两个数相加函数                          ②
int add( int x, int y) {
    int result = x +  y;
    return result;
}
```

上述代码第①行使用函数头声明函数,声明函数时,函数的参数名并不重要,可以省略参数名,省略参数名后声明 add()函数的语句如下：

```
int add( int, int);
```

上述代码第②行是定义两个数相加的函数。

11.3.2　在头文件中声明函数

事实上,将源文件(.c)中函数声明的代码挪到头文件(.h)中,就可以实现函数的声明与定义的分离。

下面将代码分成两个文件,一个是头文件(11.3.2.h),另一个是源文件(11.3.2.c)。

那么头文件(11.3.2.h)的代码如下：

```
//头文件 ch11\header_file\11.3.2.h

// 声明函数
int add( int, int);                                ①
```

上述代码第①行在头文件 11.3.2.h 中声明 add()函数。

源文件(11.3.2.c)的代码如下：

```
// 11.3.2   在头文件中声明函数

# include "./header_file/11.3.2.h"                 ①

# include < stdio. h>

int main() {
  int sum;
```

```
// 计算 1 + 1
sum = add(1, 1);
printf("计算 1 + 1 = % d\n", sum);

// 计算 1 + 2
sum = add(1, 2);
printf("计算 1 + 2 = % d\n", sum);

// 计算 88 + 99
sum = add(88, 99);
printf("计算 88 + 99 = % d\n", sum);

    return 0;
}

// 定义两个数相加函数
int add( int x, int y) {
  int result = x + y;
  return result;
}
```

上述代码第①行通过 ♯ include 指令将头文件(11.3.2.h)包含到当前源文件中，注意头文件位于当前目录的 header_file 目录下。

另外，包含头文件也可以采用绝对路径。

读者可能会发现包含头文件时有两种语法格式。

(1) 使用一对双引号("")指定要包含的头文件，这种方式是采用相对路径或绝对路径来指定头文件的位置。

(2) 使用一对尖括号(<>)指定要包含的头文件，编译器会在预定义的系统头文件目录中搜索头文件，这种方式一般用于包含标准库(std)等头文件的处理。搜索路径一般可以在编译器中设置或通过环境变量指定。

11.3.3 extern 关键字

extern 关键字可以用于声明一个函数，其作用是告诉编译器这个函数是在别的文件中定义的，可以在本文件中使用。通常在一个头文件中声明函数，然后在多个源文件中使用该头文件，这样可以避免在多个源文件中都写一遍函数声明的重复代码，提高代码的可维护性。

下面通过 add()函数熟悉 extern 关键字的使用，首先在 add.h 文件中声明 add()函数，代码如下：

```
//add.h 文件
// 声明函数
extern int add(int, int);
```

然后在这个 util.c 文件中定义 add()函数代码如下：

```
# include "./header_file/add.h"
```

```
/* 在 util.c 文件中定义 add()函数 */
int add(int a, int b) {
    return a + b;
}
```

最后在 main.c 文件中调用 add()函数代码如下：

```
# include "./header_file/add.h"
# include < stdio.h>

int main() {
    int sum;
    // 计算 1 + 1
    sum = add(1, 1);                                    ①
    printf("计算 1 + 1 = %d\n", sum);

    // 计算 1 + 2
    sum = add(1, 2);                                    ②
    printf("计算 1 + 2 = %d\n", sum);

    // 计算 88 + 99
    sum = add(88, 99);                                  ③
    printf("计算 88 + 99 = %d\n", sum);

    return 0;
}
```

上述代码第①～③行调用的 add()函数事实上是 util.c 文件中定义的 add()函数。

上述代码运行结果如下：

```
计算 1 + 1 = 2
计算 1 + 2 = 3
计算 88 + 99 = 187
```

💡提示　上述示例代码需要将多个源文件编译为一个可以执行的文件。如果在命令提示符中编译，则指令如下：gcc util.c main.c -o hello，但是如果在 Visual Studio Code 中编译和运行 main.c 文件则会发生如图 11-2 所示的错误提示框！读者需要单击"取消"按钮关闭对话框，然后在代码工作目录的 .vscode 文件夹中会看到 tasks.json 文件，打开该文件，并编辑内容如下，修改完成保存后再运行 main.c 文件即可。

```
{
    "tasks": [
        {
            "type": "cppbuild",
            "label": "C/C++: gcc.exe 生成活动文件",
            "command": "E:\\software\\mingw64\\bin\\gcc.exe",
            "args": [
```

```
            " – fdiagnostics – color = always",
         " – g", " * util.c"," * main.c",          ①
            " – o",
            " $ {fileDirname}\\ $ {fileBasenameNoExtension}.exe"
         ],
         "options": {
            "cwd": " $ {fileDirname}"
         },
         "problemMatcher": [
            " $ gcc"
         ],
         "group": {
            "kind": "build",
            "isDefault": true
         },
         "detail": "调试器生成的任务."
      }
   ],
   "version": "2.0.0"
}
```

tasks.json 文件内容虽然很多,但是读者只需要注意代码第①行,它设置了要编译的源文件列表。

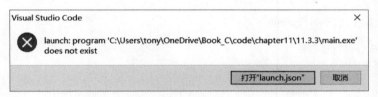

图 11-2　发生错误

11.4　函数参数的传递

在 C 语言中调用函数时,参数的传递有以下两种方式。

(1) 按值传递参数:会将参数复制出一个副本,然后将该副本传递给函数,在函数调用过程中即便改变了参数值,也不会影响参数的原始值。

(2) 按引用传递参数:会将参数的引用(地址)传递给函数,在函数调用过程中既改变了参数值,也会影响参数的原始值。

11.4.1　按值传递参数

按值传递参数示例代码如下:

// 11.4.1 按值传递参数

```
#include <stdio.h>

// 定义函数
void change(int data) {                                    ①
  // 在函数中改变 data 值
  data = 900;
}

int main() {
  int data = 800;

  printf("调用前的 data:%d\n", data);
  change(data);
  printf("调用后的 data:%d\n", data);
  return 0;
}
```

上述代码第①行中 data 参数没有任何修饰，即采用默认方式传递，也就是按值传递。

上述代码执行结果如下：

```
调用前的 data: 800
调用后的 data: 800
```

11.4.2 按引用传递参数

按引用传递参数示例代码如下：

```
// 11.4.2 按引用传递参数
#include <stdio.h>

// 定义函数
void change(int * data) {                                  ①
  // 在函数中改变 data 值
  * data = 900;
}

int main() {
  int data = 800;

  printf("调用前的 data:%d\n", data);
  change(&data);
  printf("调用后的 data:%d\n", data);
  return 0;
}
```

上述代码第①行中 data 参数前加 * 符号修饰，表明该参数采用是引用传递方式。

上述代码执行结果如下：

```
调用前的 data: 800
调用后的 data: 900
```

从运行结果可见函数调用前后 data 的数值变化了。

11.4.3 案例：通过数据交换函数实现数据的交换

下面再通过一个案例熟悉参数的按引用传递，该案例实现了两个数据的交换，实现代码如下：

```
// 11.4.3 案例：通过数据交换函数实现数据的交换

#include < stdio. h>

void swap( int * a, int * b) {                ①
  int temp;                                   ②

  temp = * a;                                 ③
  * a = * b;                                  ④
  * b = temp;                                 ⑤
}

int main() {
  int x = 500, y = 100;

  printf("交换前 x = % d, y = % d\n", x, y);
  swap(&x, &y);
  printf("交换后 x = % d, y = % d\n", x, y);
  return 0;
}
```

上述代码第①行定义数据交换函数，参数 a 和 b 都按引用传递，

上述代码第②行声明一个临时变量，用来暂时保存交换过程中的数据。

上述代码第③行暂时将 a 数据保存到临时变量 temp 中，防止 a 数据被覆盖。

上述代码第④行将 b 数据保存到变量 a 中。

上述代码第⑤行将临时变量 temp 中的数据（原来是在 a 中保存的数据）保存到变量 b 中，实现数据的交换。

上述代码执行结果如下：

```
交换前 x = 500, y = 100
交换后 x = 100, y = 500
```

11.5 函数指针

函数指针是指向函数的指针变量，它可以存储函数的地址，用来间接调用函数。在 C 语言中，函数名也是一个地址，它指向函数在内存中的起始地址，因此可以通过指针变量来存储函数的地址，并使用指针变量来调用函数。

函数指针的声明格式如下：

函数返回值类型（＊指针变量名）（函数参数列表）；

说明如下：

（1）函数返回值类型：表示该指针变量可以指向具有何种返回值类型的函数。

（2）＊指针变量名：表示一个指向函数的指针变量名。

（3）函数参数列表：表示该指针变量可以指向具有何种参数列表的函数，参数列表中只需要写出函数的参数类型即可。

下面通过一个例子来熟悉一下什么是函数指针。假设有一个函数 add()，用来计算两个整数的和：

```
// 11.5 - 1   函数指针
# include < stdio. h>

// 定义加法函数
int add( int a, int b) {
  return a + b;
}
```

为了实现两个数值的加法运算，可以定义一个加法运算函数，然后反复调用该函数，示例代码如下：

```
int ( * pFun)( int, int);      // 声明一个函数指针 pFun,指向函数返回值为 int 类型,参数列表
                               // 为 int 类型和 int 类型的函数
pFun = add;                    // 将 pFun 指向 add()函数
int result = pFun(2, 3);       // 调用 pFun 指向的函数,计算 2 + 3 的和,结果为 5
```

事实上，函数指针变量 pFun 可以指向任何的返回值为 int 类型，参数列表为 int 类型和 int 类型的函数。下面是一个扩展的示例，实现根据用户的输入选择是加法还是减法的运算，代码如下：

```
// 11.5 - 2   函数指针
# include < stdio. h>

// 定义加法函数
int add( int a, int b) { return a + b; }

// 定义减法函数
int sub( int a, int b) { return a - b; }

int main() {
  int ( * pFun)(
      int,
      int);                    // 声明一个函数指针 pFun,指向函数返回值为 int 类型,参数列表为 int
                               // 类型和 int 类型的函数

  int choice;                  // 选择相加或相减的操作

  printf("请选择操作(1 - 相加,2 - 相减):");
  scanf(" % d", &choice);
```

```
if (choice == 1) {
  pFun = add;              // 将 pFun 指向 add()函数
} else if (choice == 2) {
  pFun = sub;              // 将 pFun 指向 sub()函数
} else {
  printf("无效的操作\n");
  return 0;
}

int result =
    pFun(2, 3);            // 调用 pFun 指向的函数,计算 2 + 3 的和或差,根据 choice 的值而定

printf("调用函数结果:% d\n", result);

return 0;
}
```

上述是示例代码运行结果这里不再赘述。

11.6 动手练一练

1. 选择题

(1) 在下列选项中有哪些正确声明了两个整数相加的函数?(　　　)

  A. int add(x, y)　　　　　　　　　　B. int add(int a, int b)

  C. int add(int x, int y)　　　　　　　D. int add(int, int)

(2) 以下哪个是函数指针?(　　　)

  A. int (* add)(int, int)　　　　　　　B. int * add(int, int)

  C. int (add *)(int, int)　　　　　　　D. int * add

(3) 以下哪些选项可以作为函数 foo 的实参?

foo 的定义为

```
int foo( int ( * func)(int))
{
    //...
}
```

  A. int bar(int x) { return x * 2; }

  B. int baz(void) { return 5; }

  C. void qux(int x, int y) { printf("Hello world"); }

  D. int (* quux)(int) = &someFunction;

2. 判断题

(1) 在调用函数时,如果参数按值传递,则会将参数复制一个副本,然后将副本传递给函数,在函数调用过程中即便改变了参数的值,也不会影响参数的原始值。　　　　　　(　　　)

(2) 在调用函数时,如果参数按引用传递,则会将参数的引用(地址)传递给函数,在函

数调用过程中既改变了参数值，也会影响参数的原始值。　　　　　　　　　　　　（　　）

3. 编程题

（1）编写 getArea()函数来计算矩形的面积，然后从控制台输入矩形的高和宽测试 getArea()函数。

（2）编写 isEquals()函数来比较两个数字是否相等，然后从控制台输入两个数字测试 isEquals()函数。

第 12 章

内 存 管 理

之前的章节都没有考虑到内存问题,那么本章就来介绍 C 语言中的内存管理。

12.1　C 语言内存管理概述

在学习 C 语言内存管理之前,先要了解 C 语言的内存区域,C 语言的内存区域通常被划分为以下几种:

(1) 代码段(text segment):也称为只读区域,存放程序的指令代码。

(2) 数据段(data segment):也称为已初始化数据区,存放已初始化的全局变量和静态变量。

(3) BSS 段(未初始化数据段,uninitialized data segment):存放未初始化的全局变量和静态变量。

(4) 堆(heap):用于动态内存分配,由程序员分配和释放。

(5) 栈(stack):存放函数调用时的局部变量、函数参数、返回地址等信息。栈空间由操作系统自动分配和释放。

12.2　动态内存管理

在 C 语言中，局部变量通常被分配在栈上面，到目前为止，本书介绍的示例变量分配的内存都是放到栈上面的。这样可以自动地进行内存管理，不需要手动管理。

但是栈的大小是有限制的，如果程序使用的栈空间超过了系统所允许的大小，就会导致栈溢出错误。在实际编程中，如果需要分配大量的内存空间，就需要使用堆来进行内存分配。本节介绍动态内存管理方式。

12.2.1　分配动态内存

堆上的内存空间通常是通过动态内存分配函数动态分配的，常用的动态分配内存的函数有以下几个：

1. malloc()函数

malloc(size_t size)函数：用于在堆上动态分配指定大小的内存空间，并返回指向该内存空间的指针。这个函数只是分配内存空间，不会初始化它们。参数 size 是需要分配的内存大小。使用该函数需要包含头文件< stdlib. h >。

💡**提示**　size_t 是一种数据类型，它在 C 语言中通常用于表示内存大小或对象大小。它是一种无符号整数类型，大小足以容纳当前系统中最大可能的对象大小。

示例代码如下：

```
// 12.2.1-1 分配动态内存
// 使用 malloc()函数动态分配内存

#include < stdio. h >
#include < stdlib. h >

int main() {
    int * p;
    int n = 5;

    // 动态分配 n 个 int 类型的内存空间
    p = (int *)malloc(n * sizeof(int));          ①
    if (p == NULL) {
        printf("动态分配内存失败!");
        exit(1);                                 ②
    }

    // 对分配的内存空间进行操作
    for (int i = 0; i < n; i++) {
        p[i] = i * 2;
        printf("% d ", p[i]);
```

```
  }

  return 0;
}
```

上述代码第①行使用 malloc( ) 函数分配内存空间,其中,sizeof(int) 函数是计算 int 类型的值所占用内存空间大小。

代码第②行的 exit(1) 语句用于立即终止程序。

示例代码运行结果如下:

```
0 2 4 6 8
```

2. calloc( ) 函数

calloc(size_t num, size_t size) 函数:用于在堆上动态分配指定 num(数量)和 size(大小)的内存空间,并返回指向该内存空间的指针。这个函数不仅分配内存空间,还会将内存空间中的每个字节初始化为 0,因此通常用于分配数组或结构体等需要初始化的数据结构。使用该函数也需要包含头文件< stdlib. h >。

示例代码如下:

```
// 12.2.1 - 2 分配动态内存
// 使用 calloc 函数动态分配内存
# include < stdio. h >
# include < stdlib. h >

int main() {
  int n;
  printf("请输入数组长度:");
  scanf(" % d", &n);

  // 使用 calloc 动态分配内存空间,数组元素个数为 n
  int * arr = (int * )calloc(n, sizeof(int));
  if (arr == NULL) {
    printf("动态分配内存失败!");
    exit(1);
  }

  // 向数组中写入数据
  for (int i = 0; i < n; i++) {
    printf("请输入第 % d 个元素的值:", i + 1);
    scanf(" % d", &arr[i]);
  }

  // 输出数组中的数据
  printf("数组元素为:");
  for (int i = 0; i < n; i++) {
    printf(" % d ", arr[i]);
```

```
    }
    printf("\n");

    return 0;
}
```

示例代码运行结果如下：

```
请输入数组长度：3
请输入第 1 个元素的值：99
请输入第 2 个元素的值：777
请输入第 3 个元素的值：4548
数组元素为：99 777 4548
```

3. realloc()函数

realloc(void * ptr, size_t size)函数：用于重新分配之前动态分配的内存空间，可以用于增加或减少内存空间。如果指定的指针为 NULL，则该函数等效于 malloc()函数，如果 size 为 0，则该函数等效于 free()函数。参数 ptr 是指向之前分配的内存空间的指针。使用该函数也需要包含头文件< stdlib. h >。

示例代码如下：

```
// 12.2.1-3 分配动态内存
// 使用 realloc 函数动态分配内存
# include < stdio. h >
# include < stdlib. h >

int main() {
    int * p = (int * )malloc(10 * sizeof(int));
    printf("原内存空间地址：%p,大小：%zu bytes\n", p, 10 * sizeof(int));

    p = (int * )realloc(p, 5 * sizeof(int));
    printf("新内存空间地址：%p,大小：%zu bytes\n", p, 5 * sizeof(int));

    return 0;
}
```

示例代码运行结果如下：

```
原内存空间地址：00000000006C3D60,大小：40 bytes
新内存空间地址：00000000006C3D60,大小：20 bytes
```

💡**提示**　%zu 是用于格式化输出 size_t 类型的格式转换控制符。与 %d 用于格式化 int 类型不同，%zu 是专门用于格式化 size_t 类型的。因为 size_t 类型在不同的平台上大小可能会不同，因此需要使用特定的格式转换控制符来输出。

12.2.2　释放动态内存

不知道读者是否发现一个问题：12.2.1节介绍的几个示例代码都存在内存泄漏问题！

使用动态分配内存的函数需要注意内存的释放,而 12.2.1 节示例代码都没有释放内存。释放动态内存一般使用 free()函数来实现。释放内存空间的操作可以放在程序运行结束时进行,也可以放在不再需要内存空间的时候进行,以避免内存出现泄漏问题。

free()函数的参数必须是之前使用 malloc(),calloc(),realloc()等函数分配的指针,否则会导致不可预期的结果,甚至程序崩溃。

使用 free()函数释放内存示例代码如下:

```c
// 12.2.2 释放动态内存
# include < stdio.h >
# include < stdlib.h >

int main() {
  int * p;
  int n = 5;

  // 动态分配 n 个 int 类型的内存空间
  p = (int *)malloc(n * sizeof(int));
  if (p == NULL) {
    printf("动态分配内存失败!");
    exit(1);
  }

  // 对分配的内存空间进行操作
  for (int i = 0; i < n; i++) {
    p[i] = i * 2;
    printf("%d ", p[i]);
  }

  // 释放动态分配的内存空间
  free(p);

  return 0;
}
```

12.3 动手练一练

1. 选择题

(1)下面哪个函数用于释放动态分配的内存?(   )

    A. malloc()   B. calloc()   C. realloc()   D. free()

(2)下面哪个函数用于动态分配内存?(   )

    A. scanf()   B. printf()   C. malloc()   D. free()

(3)下面哪个操作符用于访问结构体的成员?(   )

    A. *   B. &   C. ->   D. .

(4)如果在使用 malloc()动态分配内存时没有足够的内存可用,会返回什么值?(   )

A. 0　　　　　　B. NULL　　　　　C. −1　　　　　D. 以上都不是

（5）下面哪个函数用于调整动态分配的内存大小？（　　）

A. realloc()　　　B. free()　　　　C. malloc()　　　D. calloc()

2. 编程题

编写一个程序，动态分配一个包含 n 个整数的数组，并将所有元素初始化为 0。然后使用 for 循环语句打印数组中的元素。

## 第 13 章

文 件 读 写

　　C 语言将数据的输入/输出(I/O)操作当作"流"来处理,"流"是一组有序的数据序列。"流"分为两种形式:输入流和输出流,从数据源中读取数据是输入流,将数据写入目的地是输出流。如图 13-1 所示,数据输入的数据源有多种形式,如文件、网络和键盘等,键盘是默认的标准输入设备;而数据输出的目的地也有多种形式,如文件、网络和控制台,控制台是默认的标准输出设备。

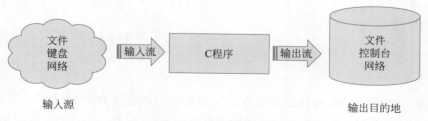

图 13-1　输入/输出流

所有的输入形式都抽象为输入流，所有的输出形式都抽象为输出流，它们与设备无关。

13.1　文件操作

C语言中的文件读写是通过文件流（file stream）实现的。在打开文件之前，需要先声明一个文件指针，然后使用 fopen() 函数打开文件，该函数返回一个文件指针。文件指针是一个指向文件流的指针，用于在程序中访问文件。

打开文件之后，就可以使用 fread() 和 fwrite() 等函数读取和写入文件。文件读写结束后，使用 fclose() 函数关闭文件。

13.1.1　打开文件

fopen() 函数是 C 语言中用于打开文件的函数。它接收两个参数：第一个参数是要打开的文件的名称和路径；第二个参数是打开文件的模式，返回值是一个指向文件的指针。

fopen() 函数的语法格式如下：

```
FILE * fopen(const char * filename, const char * mode);
```

其中，filename 参数表示要打开的文件的名称和路径，可以是绝对路径或相对路径；mode 参数是打开文件模式，打开文件模式如表 13-1 所示。

表 13-1　打开文件模式

模　　式	打开文件的方式
"r"	读取
"w"	写入，如果文件存在则截断为 0 字节
"a"	写入，追加到文件末尾
"r+"	读取和写入，文件必须存在
"w+"	读取和写入，如果文件存在则截断为 0 字节
"a+"	读取和写入，追加到文件末尾

> 注意　表 13-1 只是说明了打开文本文件的模式。如果是二进制文件，模式后面需要加上"b"，例如"rb""wb"等。另外，模式字符大小写均可，例如"r"和"R"、"w"和"W"都是等价的。

13.1.2　关闭文件

当 C 语言程序终止时，操作系统会自动关闭所有打开的文件并释放所有分配的内存。然而，程序员应该在程序终止前手动关闭所有打开的文件，这是一个好的编程习惯。C 语言中使用 fclose() 函数关闭文件流。

fclose()函数的语法格式如下:

```
int fclose(FILE * stream);
```

其中,参数 stream 是一个指向 FILE 对象的指针,指向先前打开的文件流。该函数返回一个整数值来表示操作是否成功,如果成功,则返回 0;否则返回 EOF。

13.2 从文件中读取数据

读取文件可以通过 fread()函数实现。fread()函数的语法格式如下:

```
size_t fread(void * ptr, size_t size, size_t count, FILE * stream);
```

参数说明:

(1) ptr:指向要读取数据的内存块的指针。

(2) size:表示要读取的每个元素的大小,以字节为单位。

(3) count:表示要读取的元素的数量。

(4) stream:指向 FILE 对象的指针,该 FILE 对象标识要从中读取数据的流。

该函数的返回值是读取的元素数量,如果出现错误,则返回 0。

💡提示 在 fread()函数中,元素是指要读取的数据类型。例如,如果要读取 int 类型的数据,那么元素就是 int。元素数量是指要读取的元素的个数。

下面通过一个示例熟悉如何使用文件流读取文件,要读取的文件(my_file.txt)内容如图 13-2 所示,为了方便访问文件,my_file.txt 文件与 C 语言源代码文件放置于同一个文件夹下。

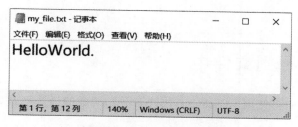

图 13-2 my_file.txt 文件

从 my_file.txt 文件中读取数据的实现代码如下:

```
// 13.2 从文件中读取数据
#include < stdio.h>

#define BUFFER_SIZE 1024                    ①

int main() {
    FILE * fp;
```

```
        char buffer[BUFFER_SIZE];
        size_t elements_read;

        fp = fopen("my_file.txt", "r");                              ②
        if (fp == NULL) {
            printf("Failed to open file\n");
            return 1;
        }

        while ((elements_read = fread(buffer, 1, BUFFER_SIZE, fp)) > 0) {    ③
            printf("%.*s", (int)elements_read, buffer);              ④
        }

        fclose(fp);                                                  ⑤
        return 0;
    }
```

（1）上述代码第①行 BUFFER_SIZE 是一个常量，表示定义的缓冲区大小，它是一个宏。

（2）代码第②行打开 my_file.txt 文件。

（3）代码第③行使用 fread()函数读取文件中的数据，并将其存储到 buffer 的字符数组中，每次读取最多 BUFFER_SIZE 字节的数据。读取操作将重复执行，直到到达文件的末尾。

（4）代码第④行使用 printf()函数将读取到的数据输出到控制台上，其中"%.*s"格式转换控制符，指定输出字符串的长度为 elements_read，字符串的地址为 buffer。

（5）代码第⑤行关闭文件。

上述示例代码运行结果如下：

```
HelloWorld.
```

13.3 写入数据到文件中

写入数据到文件中可使用 fwrite()函数，fwrite()函数的语法格式如下：

```
size_t fwrite(const void * ptr, size_t size, size_t count, FILE * stream);
```

参数说明：

（1）ptr：指向要写入文件的数据的指针。

（2）size：表示要写入文件的每个数据项的大小（以字节为单位）。

（3）count：表示要写入文件的数据项的数量。

（4）stream：指向输出文件的指针。

fwrite()函数的返回值是实际写入文件的数据项数量。如果返回值小于 count，则表示写入文件时发生了错误或到达了文件尾部。

下面通过一个示例熟悉如何写入文件,要写入文件(my_file2.txt)的内容如图13-3所示,写入"世界您好!"字符串。

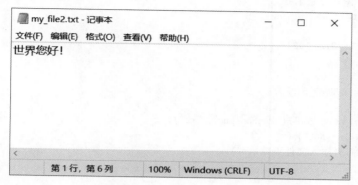

图13-3 my_file2.txt文件

示例代码如下:

```
// 13.3 写入数据到文件中
# include < stdio. h >

int main() {
  FILE * fp;
  size_t str_length = sizeof(str) - 1; // 计算字符串的长度,减去末尾的 null 终止符
  char str[] = "世界您好!";

  fp = fopen("my_file2.txt", "w");                          ①
  if (fp == NULL) {
    printf("Failed to open file\n");
    return 1;
  }

  fwrite(str, 1, str_length, fp);                           ②

  fclose(fp);
  return 0;
}
```

上述代码第①行通过写入模式打开文件。

上述代码第②行使用 fwrite()函数将一个字符串写入文件中。

13.4 案例:图片复制工具

图片文件属于二进制文件,下面通过一个图片文件复制工具案例,来熟悉二进制流的读写操作。

示例代码如下：

```c
// 13.4 案例:图片复制工具
#include <stdio.h>

#define BUFFER_SIZE 1024

int main() {
  char buffer[BUFFER_SIZE];

  FILE * in_file = fopen("Python.png", "rb");        ①
  if (in_file == NULL) {
    printf("打开输入文件失败.\n");
    return 1;
  }

  FILE * out_file = fopen("Python2.png", "wb");      ②
  if (out_file == NULL) {
    printf("打开输出文件失败.\n");
    fclose(in_file);                                 ③
    return 1;
  }
  size_t elements_read;
  while ((elements_read = fread(buffer, 1, BUFFER_SIZE, in_file)) > 0) {  ④
    fwrite(buffer, 1, elements_read, out_file);       ⑤
  }

  fclose(in_file);                                    ⑥
  fclose(out_file);                                   ⑦

  printf("复制完成.\n");
  return 0;
}
```

（1）上述代码第①行打开要复制的源文件，注意文件打开模式是二进制读文件模式。

（2）代码第②行打开要复制的目标文件，注意文件打开模式是二进制写文件模式。

（3）代码第③行是在打开目标文件失败时，要保证关闭源文件。

（4）代码第④行从源文件读取数据到 buffer 中。

（5）代码第⑤行将 buffer 中的数据写入目标文件。

（6）代码第⑥行关闭源文件。

（7）代码第⑦行关闭目标文件。

通过文件输入流的 get()函数读取文件数据到缓存区，当读取到文件尾时，结束 while 语句。

代码第④行通过文件输出流的 put()函数将缓存区数据写入 buffer 中。

上述示例代码运行结果这里不再赘述，读者可以自己测试一下。

13.5　动手练一练

1. 选择题

（1）在 C 语言中，下列哪个函数可以打开一个文件并返回一个指向文件的指针？（　　　）

    A. fopen()　　　　　B. fwrite()　　　　　C. scanf()　　　　　D. printf()

（2）在 C 语言中，下列哪个函数可以用于关闭一个已经打开的文件？（　　　）

    A. fclose()　　　　　B. fopen()　　　　　C. fflush()　　　　　D. fputc()

（3）以下哪个文件打开模式是用于在文件末尾添加数据？（　　　）

    A. "r"　　　　　　B. "w"　　　　　　C. "a"　　　　　　D. "x"

2. 判断题

（1）在 C 语言中，打开文件时必须指定打开模式。（　　　）

（2）在 C 语言中，文件指针是一种特殊的指针，用于指向文件流。（　　　）

（3）如果使用 fopen() 函数打开一个文件时指定的打开模式为 "w"，则该文件的内容会被清空。（　　　）

（4）如果使用 fread() 函数从文件中读取数据时发生错误，函数会返回-1。（　　　）

## 第 14 章

数据库编程

随着数据量的不断增加,需要管理和存储数据的需求也越来越大。对于嵌入式设备来说,使用数据库进行数据管理是一种方便和高效的方式。而在嵌入式设备中,SQLite 是一种非常流行的数据库,因为它是一种轻量级的嵌入式数据库。本章将重点介绍如何使用 C 语言访问 SQLite 数据库,实现数据库编程的相关操作。

14.1 SQLite 数据库

SQLite 是一种嵌入式系统使用的关系型数据库,它具有以下优点及特点:

(1) 开源免费:SQLite 是一款开源免费的数据库,可以免费使用和分发。

(2) 可移植性强:SQLite 采用 C 语言编写,支持多个操作系统平台,包括 Windows、Linux、macOS 等,可以在不同的平台上进行开发和部署。

(3) 可靠性高:SQLite 采用 ACID 事务处理机制,具备数据完整性和安全性,保证数据的一致性。

(4) 小而易用:SQLite 的代码库非常小巧,不到 1MB,因此非常适合在嵌入式设备中使用。同时，SQLite 也具有简单易用的 API，方便开发人员进行数据库操作。

（5）支持 SQL-92 标准：SQLite 支持 SQL-92 标准，包括多表、索引、事务、视图和触发等功能，可以满足大部分的数据库需求。

14.1.1　SQLite 数据类型

SQLite 是一种无数据类型的数据库，但在编程中建议为每个字段指定适当的数据类型，以便于理解和维护代码。SQLite 支持以下常见的数据类型：

（1）INTEGER：有符号整数类型，可存储整数数据。

（2）REAL：浮点数类型，可存储浮点数数据。

（3）TEXT：字符串类型，采用 UTF-8 和 UTF-16 字符编码，可存储字符串数据。

（4）BLOB：二进制大对象类型，可以存储任何二进制数据。

指定适当的数据类型可以提高查询效率，并确保数据的正确性和一致性。如果未指定数据类型，SQLite 将根据存储的值进行自动转换，可能导致数据错误或性能下降。

14.1.2　下载 SQLite 数据库

下载 SQLite 数据库，可以到如图 14-1 所示的下载页面下载，读者可以根据自己的需要下载相应资源，推荐下载 SQLite 源代码和 SQLite 命令行工具。

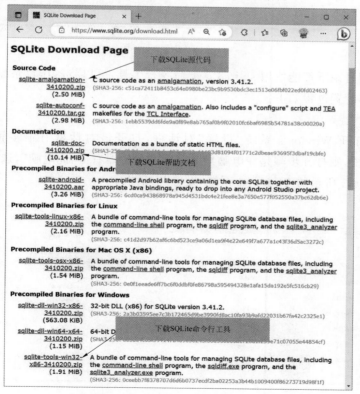

图 14-1　SQLite 官网

SQLite 命令行工具允许用户通过命令行界面来操作 SQLite 数据库。用户可以通过命令行输入 SQL 语句，从而实现对 SQLite 数据库的查询、修改、删除等操作。SQLite 命令行工具可以在 Windows、Linux 和 macOS 等多个平台上运行。

14.1.3 配置 SQLite 命令行工具

SQLite 命令行工具下载完成后，可以将文件解压，如图 14-2 所示，其中的 sqlite3.exe 文件是命令行工具。

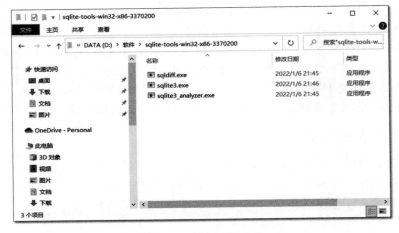

图 14-2 解压后的文件

为了在任何目录下都能使用 sqlite3.exe 命令行工具，可以将解压目录配置到环境变量的 Path 中，具体配置过程如下：

1. 打开环境变量设置对话框

首先需要打开 Windows 系统"设置"对话框，打开该对话框有很多种方式，如果是 Windows 10 系统，则打开步骤是在电脑桌面或资源管理器右击"此电脑"，选择"属性"命令，然后弹出如图 14-3 所示的 Windows 系统"设置"对话框。

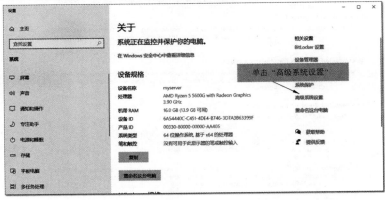

图 14-3 Windows 系统"设置"界面

在如图 14-3 所示的系统"设置"对话框中,单击"高级系统设置"超链接,弹出如图 14-4 所示的对话框进行高级系统设置。

图 14-4 高级系统设置

2. 设置 Path 变量

在如图 14-4 所示的对话框中,单击"环境变量"按钮,弹出如图 14-5 所示的"环境变量"对话框,双击 Path 变量,弹出对话框,设置 Path 变量。如图 14-6 所示将 SQLite 解压路径添加到 Path 变量中。

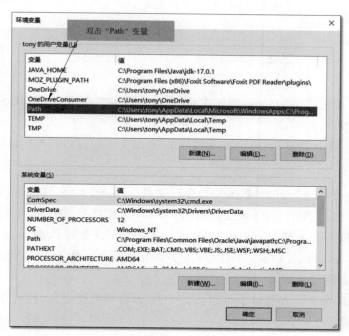

图 14-5 "环境变量"对话框

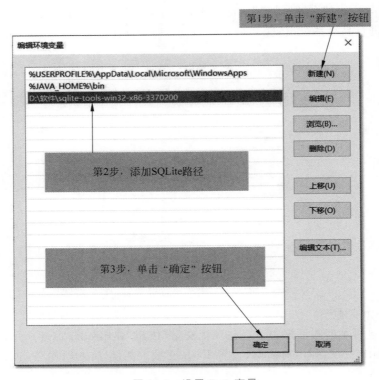

第1步，单击"新建"按钮

第2步，添加SQLite路径

第3步，单击"确定"按钮

图 14-6　设置 Path 变量

微课视频

14.2　通过命令行工具访问 SQLite 数据库

在 14.1.3 节中配置了 SQLite 数据库命令行工具，本节介绍如何使用 SQLite 数据库命令行工具访问 SQLite 数据库。

首先启动命令提示符窗口（macOS 和 Linux 系统为终端窗口），然后输入如下命令：

```
sqlite3  school.db
```

其中，sqlite3 指令是启动 SQLite 数据库命令行工具，school.db 是要打开的数据库文件，如果指定的 school.db 文件不存在，则会在退出 SQLite 数据库后，创建一个 school.db 文件。

输入命令后按 Enter 键，如图 14-7 所示，启动 SQLite 数据库命令行工具，sqlite >是 SQLite 命令提示符，在此可以输入 SQLite 数据库相关指令。如图 14-8 所示是通过 SQLite 数据库命令行工具创建 student 表。

SQLite 数据库命令行工具除了可以执行 SQL 语言相关指令外，还可以执行 SQLite 数据库特有的管理指令。

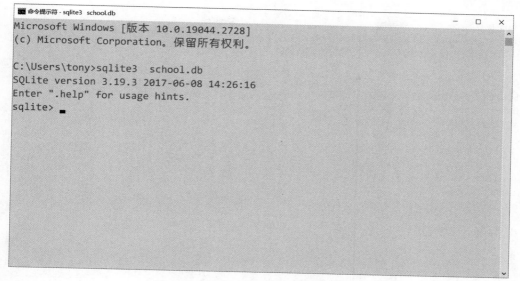

图 14-7　启动 SQLite 数据库命令行工具

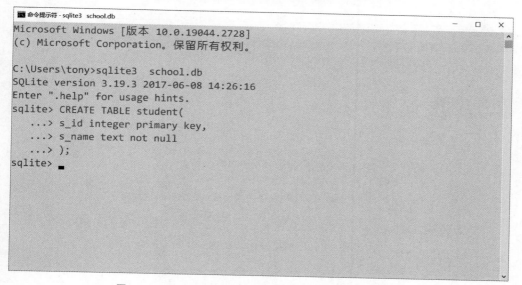

图 14-8　通过 SQLite 数据库命令行工具创建 student 表

💡提示　SQLite 数据库特有的管理指令都是以"."开头,如图 14-9 所示,".table"指令是查看当前数据库中有哪些表,".quit"指令是退出 SQLite 数据库回到操作系统。

如果第一次访问数据库,数据库文件是不存在,当退出数据库后会创建数据库文件,由于"sqlite3　school.db"指令没有指定数据库文件路径,则会在当前用户目录下创建 school.db 文件,如图 14-10 所示。

图 14-9 执行 SQLite 数据库特有的管理指令

```
命令提示符                                                      –  □  ×
            10 个文件            15,387 字节
            50 个目录 69,971,918,848 可用字节

C:\Users\tony>dir school.db
 驱动器 C 中的卷没有标签。
 卷的序列号是 FA2C-F91E

 C:\Users\tony 的目录

2023/03/27  14:43              8,192 school.db
            1 个文件            8,192 字节
            0 个目录 69,972,054,016 可用字节

C:\Users\tony>
```

图 14-10 创建 SQLite 数据库文件

◎*提示* SQLite 数据库文件是二进制文件，它的后缀名是什么并不重要，但一般推荐使用.db 或.sqlite 或.sqlite 或.db3 等作为后缀名。

14.3 使用 GUI 工具管理 SQLite 数据库

微课视频

通过命令行工具管理数据库太辛苦了，使用 GUI（图形界面）工具可以提高工作效率，但 SQLite 官方并没有提供这样的 GUI 工具，读者可以选择第三方 GUI 工具，这种工具有

很多,例如:

(1) Sqliteadmin Administrator。

(2) DB Browser for SQLite。

(3) SQLiteStudio。

DB Browser for SQLite,简称 DB4S,DB4S 工具对中文支持很好,推荐使用 DB4S 工具访问和管理 SQLite 数据库,本节重点介绍 DB4S 工具的下载、安装和使用。

提示 通常第三方 SQLite GUI 工具本身就集成了 SQLite 数据库,因此,使用第三方 SQLite GUI 工具一般不需要额外安装 SQLite 数据库。

14.3.1 下载和安装 DB4S 工具

读者可以从如图 14-11 所示的 DB4S 工具官网下载 DB4S 工具,读者需要根据使用的操作系统选择下载相应的 DB4S 工具版本。如果读者的操作系统是 Windows 10 64 位操作系统,可以选择下载的版本如下:

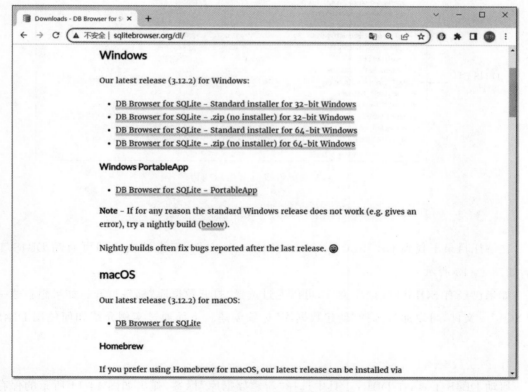

图 14-11 DB4S 工具官网下载页面

（1）DB Browser for SQLite-Standard installer for 64-bit Windows，Windows 64 位安装版本。

（2）DB Browser for SQLite-.zip（no installer）for 64-bit Windows，Windows 64 位非安装版本。

笔者选择的是 DB Browser for SQLite-.zip（no installer）for 64-bit Windows，下载成功获得压缩文件是 DB.Browser.for.SQLite-3.12.2-win64.zip，解压该文件如图 14-12 所示。其中 DB Browser for SQLite.exe 是启动文件。

图 14-12　DB4S 工具解压后的目录

14.3.2　使用 DB4S 工具

在解压目录下找到 DB Browser for SQLite.exe 文件，双击该文件即可启动 DB4S 工具，如图 14-13 所示。

如果已经有 SQLite 数据库文件，可以通过选择"打开数据库"标签打开。如果想新建一个 SQLite 文件，可以通过选择"新建数据库"标签创建。下面通过实例介绍如何使用 DB4S 工具。

1. 创建数据库

启动 DB4S 工具，在 DB4S 工具中选择"新建数据库"标签，弹出如图 14-14 所示的保存文件对话框。选择保存文件目录，并输入文件名以及选择文件类型后，单击"保存"按钮就可

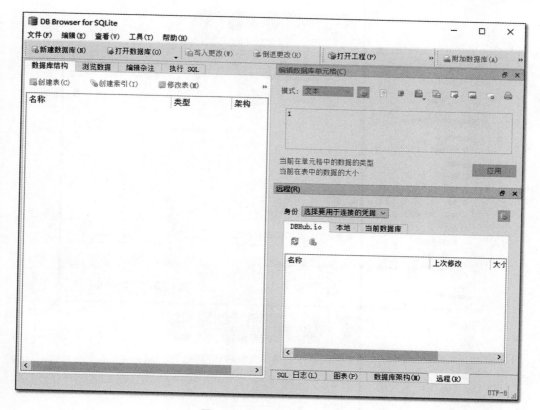

图 14-13　启动 DB4S 工具

以创建数据库了。

2. 创建表

在图 14-14 所示的对话框中,单击"保存"按钮,创建数据库的同时会弹出如图 14-15 所示的编辑表定义对话框。

使用 DB4S 工具创建 student 表,具体步骤如下:

1) 增加 s_id 字段

首先,在编辑表定义对话框的"表"栏中输入表名 student,然后增加 s_id 字段,如图 14-16 所示。

2) 增加 s_name 字段

增加新的字段时,可以单击"增加"按钮进行增加字段,增加过程参考增加 s_id 字段的过程,增加 s_name 字段的结果如图 14-17 所示。

所有字段增加完成并确定无误后,单击 OK 按钮确定创建 student 表并关闭对话框,创建表成功如图 14-18 所示,在"数据库结构"标签下,"表"的列表中可见刚刚创建的表。

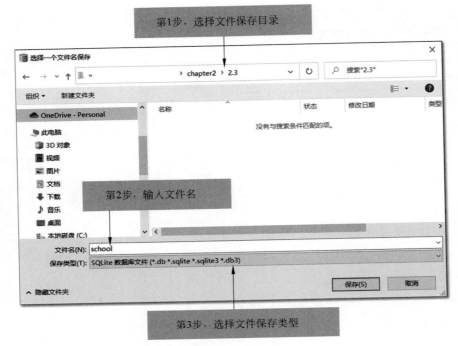

图 14-14 保存文件对话框

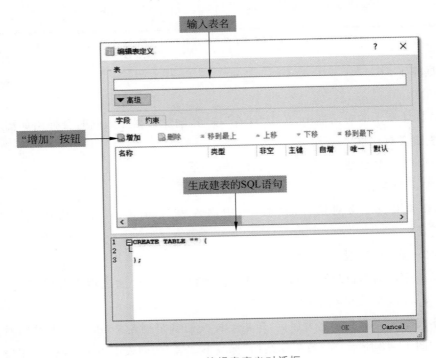

图 14-15 编辑表定义对话框

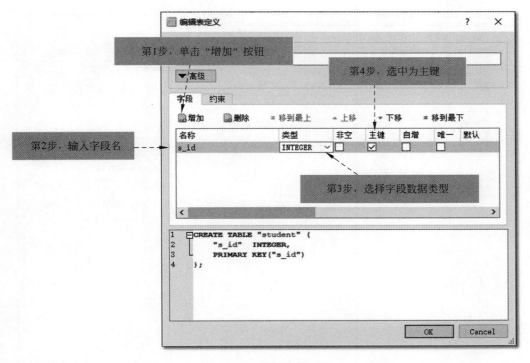

图 14-16　增加字段 s_id

图 14-17　增加 s_name 字段

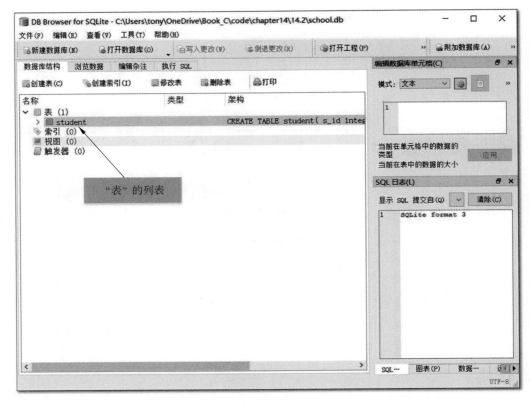

图 14-18　创建表成功

14.4　C 语言访问 SQLite 数据库

下面介绍如何通过 C 语言访问 SQLite 数据库。

微课视频

14.4.1　在 Visual Studio Code 中配置环境

为了在 Visual Studio Code 中编写 C 语言访问 SQLite 数据库程序，需要为项目配置环境，具体步骤如下。

1. 添加 SQLite 源代码到项目

把下载的 SQLite 源代码解压出来，选择其中的源代码 sqlite3.c 和两个头文件 sqlite3.h 与 sqlite3ext.h，把它们放在一个文件夹（本例是 sqlite3）中，如图 14-19 所示，sqlite3 文件夹位于程序代码文件（test.c）同一级文件夹下。

2. 编写 tasks.json 文件

tasks.json 文件是 Visual Studio Code 用来定义任务的

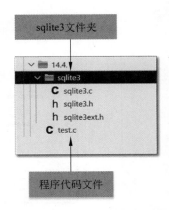

图 14-19　代码文件目录结构

文件,可以在其中配置编译、运行、调试等任务,该文件位于. vscode 文件夹中,如果不存在,需要在. vscode 文件夹中创建文本文件 tasks. json,然后修改 tasks. json 文件内容如下:

```json
{
    "tasks": [
        {
            "type": "cppbuild",
            "label": "C/C++: g++. exe 生成活动文件",
            "command": "E:\\software\\mingw64\\bin\\gcc.exe",        ①
            "args": [
                " - fdiagnostics - color = always",
                " - I","sqlite3",                                     ②
                " - g", "${file}", "sqlite3/ * ",                    ③
                " - o",
                "${fileDirname}\\${fileBasenameNoExtension}.exe"
            ],
            "options": {
                "cwd": "${fileDirname}"
            },
            "problemMatcher": [
                "$gcc"
            ],
            "group": {
                "kind": "build",
                "isDefault": true
            },
            "detail": "调试器生成的任务."
        }
    ],
    "version": "2.0.0"
}
```

上述文件说明:

(1) 代码第①行:指定编译器的路径和名称。在这里使用的是 GCC 编译器,路径为 "E:\software\mingw64\bin\gcc. exe"。

(2) 代码第②行:使用参数"-I"添加一个目录到编译器的头文件搜索路径中。在这个例子中,指定了目录"sqlite3",意味着编译器会在该目录下查找需要的头文件。

(3) 代码第③行:使用参数"-g"添加调试信息到编译过程中。"${file}"代表当前打开的源文件路径;"sqlite3/ * "表示将 sqlite3 目录下的所有源代码文件一起编译,以确保在调试过程中能够正确跟踪 sqlite3 源代码中的函数和变量。

3. 测试配置

为了测试刚才的配置是否正确,编写测试文件 test. c,代码如下:

```c
# include < stdio. h>

# include "sqlite3\sqlite3. h"              // 导入 SQLite3 数据库的头文件
```

```
int main() {
  sqlite3 * db;                         // 定义一个指向 SQLite3 数据库的指针变量
  char * zErrMsg = 0;                   // 定义一个指向错误信息的指针变量
  int rc;                              // 定义一个整型变量

  rc = sqlite3_open(
      "test.db",
      &db);          // 打开名为"test.db"的数据库文件,如果成功则将数据库指针保存在 db 变量中;
否则返回错误码

  if (rc) {                           // 如果打开数据库失败
    fprintf(stderr, "无法打开数据库: % s\n",
            sqlite3_errmsg(db));       // 输出错误信息
    return (0);                        // 返回 0 表示程序运行失败
  } else {                            // 如果打开数据库成功
    printf("打开数据库成功\n");        // 输出成功信息
  }
  sqlite3_close(db);                  // 关闭数据库连接
}
```

在上述的测试代码中,读者可以发现,在访问 SQLite 数据库时,首先需要打开数据库,接着才能使用数据库来进行数据操作,最后使用 sqlite3_close()函数来关闭数据库连接,以确保使用完成后资源得到释放。这种方式能够有效避免资源泄漏和数据丢失的问题,确保程序的正常运行和数据的完整性。因此,在使用 SQLite 数据库时,需要注意这些细节问题,以保证程序的稳定性和数据的安全性。

运行上述测试代码时,会发现在当前目录下生成一个 test.db 文件,则说明配置成功。

💡提示　　另外,上述测试代码中在输出错误消息时才有了 fprintf()函数,该函数是 C 语言标准库中的一个函数,它的作用是将数据写入标准错误流(stderr)中。与 printf 函数不同的是,fprintf 函数可以指定输出流的类型,而不是只能输出到标准输出流(stdout)。标准错误流通常用于输出程序的错误信息或警告信息,与标准输出流分开可以让用户更容易区分程序的正常输出和错误输出。

14.4.2　C 语言访问 SQLite 数据库的基本流程

微课视频

读者从 14.4.1 节的 test.c 示例代码可见,访问数据时需要打开和关闭数据库,那么 C 语言访问 SQLite 数据库的基本流程如下:

（1）打开数据库连接：使用 sqlite3_open()函数打开一个 SQLite 数据库连接,如果成功则返回一个 SQLite 数据库连接句柄；否则返回 NULL。

（2）准备 SQL 语句：使用 sqlite3_prepare_v2()函数准备要执行的 SQL 语句。这个函数将 SQL 语句编译成字节码,但不会执行它。

（3）绑定参数：如果 SQL 语句中有占位符,例如"?",则可以使用 sqlite3_bind_ * ()函数绑定参数。这些函数将占位符替换为实际的参数值。

（4）执行 SQL 语句：使用 sqlite3_step() 函数执行 SQL 语句。这个函数将执行已准备好的 SQL 语句的下一条指令，直到它得到一个结果集或者一个错误为止。

（5）处理结果：如果 SQL 语句返回一个结果集，则可以使用 sqlite3_column_*() 函数获取每个字段的值。这些函数需要指定字段的索引号或字段名。

（6）释放资源：使用 sqlite3_finalize() 函数释放 SQL 语句对象和 sqlite3_close() 函数关闭数据库连接，以释放相关资源。

14.5 案例：员工表增、删、改、查操作

对数据库增、删、改、查操作，即对数据库表中的数据的插入、删除、更新和查询，简称 CRUD 操作，本节通过一个案例熟悉如何通过 C 语言实现对数据库表的增、删、改、查操作。

14.5.1 创建员工表

微课视频

首先在 scott_db 数据库中，笔者创建的数据库文件（scott_db.db），如图 14-20 所示，具体创建过程读者可以参考 14.3.2 节。

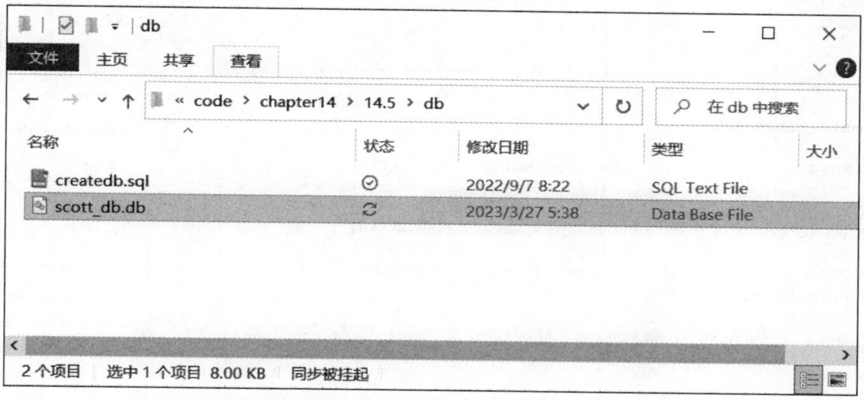

图 14-20 scott_db.db 文件

然后在 scott_db 数据库中创建员工（EMP）表，员工表结构如表 14-1 所示。

表 14-1 员工表

字 段 名	数 据 类 型	是否可以为 Null	主 键	说 明
EMPNO	int	否	是	员工编号
ENAME	varchar(10)	否	否	员工姓名
JOB	varchar(9)	是	否	职位
HIREDATE	char(10)	是	否	入职日期
SAL	float	是	否	工资
DEPT	varchar(10)	是	否	所在部门

创建员工表的数据库脚本 createdb.sql 文件内容如下：

```
-- 14.5.1 创建员工表

create table EMP
(
    EMPNO           int not null,      -- 员工编号
    ENAME           varchar(10),       -- 员工姓名
    JOB             varchar(9),        -- 职位
    HIREDATE        char(10),          -- 入职日期
    SAL             float,             -- 工资
    DEPT            varchar(10),       -- 所在部门
    primary key (EMPNO)
);
```

读者可以将这个脚本文件在 DB4S 工具里面去执行，执行过程如图 14-21 所示。

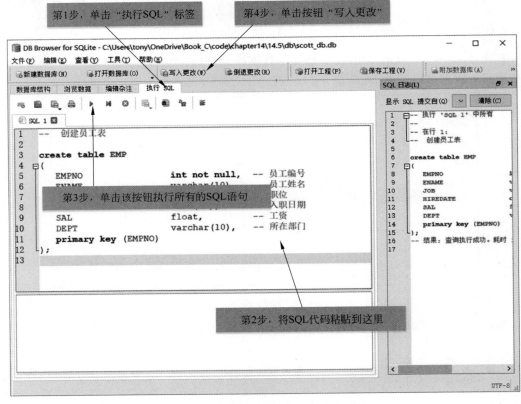

图 14-21　在 DB4S 工具中执行 SQL 语句

为了便于测试，笔者也准备了一些插入数据的 SQL 语句，代码如下。

```
-- 插入员工数据
insert into EMP (EMPNO, ENAME, JOB, HIREDATE, SAL, DEPT)
values (7521, 'WARD', 'SALESMAN', '1981-2-22', 1250, '销售部');
```

```
insert into EMP (EMPNO, ENAME, JOB, HIREDATE, SAL,DEPT)
values (7566, 'JONES', 'MANAGER', '1982 - 1 - 23', 2975,'人力资源部');
insert into EMP (EMPNO, ENAME, JOB, HIREDATE, SAL,DEPT)
values (7654, 'MARTIN', 'SALESMAN', '1981 - 4 - 2', 1250,'销售部');
insert into EMP (EMPNO, ENAME, JOB, HIREDATE, SAL, DEPT)
values (7698, 'BLAKE', 'MANAGER', '1981 - 9 - 28', 2850, '销售部');
insert into EMP (EMPNO, ENAME, JOB, HIREDATE, SAL, DEPT)
values (7782, 'CLARK', 'MANAGER', '1981 - 5 - 1', 2450, '财务部');
insert into EMP (EMPNO, ENAME, JOB, HIREDATE, SAL, DEPT)
values (7788, 'SCOTT', 'ANALYST', '1981 - 6 - 9',2350, '人力资源部');
insert into EMP (EMPNO, ENAME, JOB, HIREDATE, SAL, DEPT)
values (7839, 'KING', 'PRESIDENT', '1987 - 4 - 19', 5000,'财务部');
insert into EMP (EMPNO, ENAME, JOB, HIREDATE, SAL, DEPT)
values (7844, 'TURNER', 'SALESMAN', '1981 - 11 - 17', 1500, '销售部');
insert into EMP (EMPNO, ENAME, JOB, HIREDATE, SAL, DEPT)
values (7876, 'ADAMS', 'CLERK', '1981 - 9 - 8', 1100, '人力资源部');
insert into EMP (EMPNO, ENAME, JOB, HIREDATE, SAL, DEPT)
values (7900, 'JAMES', 'CLERK', '1987 - 5 - 23', 950, '销售部');
insert into EMP (EMPNO, ENAME, JOB, HIREDATE, SAL, DEPT)
values (7902, 'FORD', 'ANALYST', '1981 - 12 - 3', 1950, '人力资源部');
insert into EMP (EMPNO, ENAME, JOB, HIREDATE, SAL, DEPT)
values (7934, 'MILLER', 'CLERK', '1981 - 12 - 3',1250,'财务部');
```

读者可以参考创建表的方式,在数据库里执行 SQL 语句来插入这些数据,具体过程这里不再赘述。

14.5.2　查询员工数据

微课视频

在 SQL 语句中查询是比较简单的操作,下面来实现查询"销售部"所有员工信息案例。具体实现代码如下:

```
// 14.5.2　查询员工数据

# include < stdio.h >
# include "sqlite3/sqlite3.h"            // 导入 SQLite3 数据库的头文件

int main() {
    sqlite3 * db;                        // 定义一个指向 SQLite3 数据库的指针变量
    char * zErrMsg = 0;                  // 定义一个指向错误信息的指针变量
    int rc;                              // 定义一个整型变量

    rc = sqlite3_open("db/scott_db.db", &db);   // 打开数据库,如果成功则将数据库指针保存
在 db 变量中,否则返回错误码

    if( rc ) {                           // 如果打开数据库失败
        printf("无法打开数据库: % s\n", sqlite3_errmsg(db));      // 输出错误信息
        return(0);                       // 返回 0 表示程序运行失败
    } else {                             // 如果打开数据库成功
        printf("打开数据库成功\n");       // 输出成功信息
    }
```

```
// 定义 SQL 语句,使用?作为参数占位符
const char * sql = "SELECT ENAME, JOB, HIREDATE, SAL FROM EMP WHERE DEPT = ?";
sqlite3_stmt * stmt;                              // 定义一个 SQLite3 语句对象的指针变量

rc = sqlite3_prepare_v2(db, sql, -1, &stmt, NULL); // 预处理 SQL 语句              ①

if (rc != SQLITE_OK) {                            // 如果预处理 SQL 语句失败
    printf("预处理 SQL 语句失败: %s\n", sqlite3_errmsg(db)); // 输出错误信息
    sqlite3_close(db);                            // 关闭数据库连接
    return(0);                                    // 返回 0 表示程序运行失败
}

// 绑定参数,将 DEPT = "销售部"绑定到第 1 个参数上
const char * dept = "销售部";
sqlite3_bind_text(stmt, 1, dept, -1);                              ②

// 遍历结果集并输出数据
while(sqlite3_step(stmt) == SQLITE_ROW) {                          // 如果还有数据行
    // 使用 sqlite3_column_text 函数获取指定字段的数据,并转换成字符串
    const char * ename = sqlite3_column_text(stmt, 0);             ③
    const char * job = sqlite3_column_text(stmt, 1);
    const char * hiredate = sqlite3_column_text(stmt, 2);
    double sal = sqlite3_column_double(stmt, 3);

    printf("员工姓名:%s, 职位:%s, 入职日期:%s, 工资:%.2f\n", ename, job, hiredate, sal);
}

sqlite3_finalize(stmt);                      // 释放 stmt 语句对象的资源
sqlite3_close(db);                           // 关闭数据库连接

return 0;
}
```

上述示例代码第①行 sqlite3_prepare_v2 函数是用于预处理 SQL 语句的函数。其目的是将 SQL 语句编译成二进制代码,以提高执行速度。

sqlite3_prepare_v2 函数的详细解释:

（1）第 1 个参数 db 为已打开的 SQLite 数据库连接对象,可以使用 sqlite3_open() 函数打开;

（2）第 2 个参数 sql 为需要编译的 SQL 语句字符串,它是一个常量字符串或者是一个 char 指针,可以通过字符串拼接和变量替换的方式动态生成 SQL 语句;

（3）第 3 个参数为 SQL 语句的长度,通常传入－1 表示自动计算长度,如果已知长度可以传入实际长度;

（4）第 4 个参数为 sqlite3_stmt 指针的地址,用于返回语句对象,通过该对象可以执行 SQL 语句;

（5）第 5 个参数为 SQL 语句没有执行的部分语句的指针,通常传入 NULL 即可。

代码第②行是将字符串参数绑定到 SQL 语句中的参数上,sqlite3_bind_text() 函数参

数说明如下：

（1）第 1 个参数 stmt 是使用 sqlite3_prepare_v2()函数编译后生成的 SQLite 语句对象；

（2）第 2 个参数 1 表示该参数是 SQL 语句中的第 1 个问号占位符；

（3）第 3 个参数 dept 是要绑定的字符串参数；

（4）第 4 个参数—1 表示使用 strlen()函数计算 dept 参数的长度；

（5）第 5 个参数 SQLITE_STATIC 表示告诉 SQLite 数据库，不需要在内部拷贝 dept 参数，因为它不会在语句执行过程中被改变。

代码第③行通过 sqlite3_column_text()函数获取指定字段的数据，该字段的数据类型是字符串类型，类似的函数有：

（1）sqlite3_column_blob()

（2）sqlite3_column_double()

（3）sqlite3_column_int()

（4）sqlite3_column_int64()

（5）sqlite3_column_text()

（6）sqlite3_column_text16()

选择哪一个函数与具体的字段的数据类型有关，这一点需要注意。

上述示例代码运行结果如下：

```
打开数据库成功
员工姓名：WARD, 职位：SALESMAN, 入职日期：1981-2-22, 工资：1250.00
员工姓名：MARTIN, 职位：SALESMAN, 入职日期：1981-4-2, 工资：1250.00
员工姓名：BLAKE, 职位：MANAGER, 入职日期：1981-9-28, 工资：2850.00
员工姓名：TURNER, 职位：SALESMAN, 入职日期：1981-11-17, 工资：1500.00
员工姓名：JAMES, 职位：CLERK, 入职日期：1987-5-23, 工资：950.00
```

14.5.3　插入员工数据

插入员工数据的具体代码如下：

微课视频

```
// 14.5.3 插入员工数据

# include < stdio. h>

# include "sqlite3/sqlite3. h"          // 导入 SQLite3 数据库的头文件

int main() {
    sqlite3 * db;                        // 定义一个指向 SQLite3 数据库的指针变量
    char * zErrMsg = 0;                  // 定义一个指向错误信息的指针变量
    int rc;                              // 定义一个整型变量

    rc = sqlite3_open(
        "db/scott_db. db",
```

```
                  &db);              // 打开数据库,如果成功则将数据库指针保存在 db 变量中,否则返回错误码
    if (rc) {                                    // 如果打开数据库失败
      printf("无法打开数据库: % s\n", sqlite3_errmsg(db));       // 输出错误信息
      return (0);                                // 返回 0 表示程序运行失败
    } else {                                     // 如果打开数据库成功
      printf("打开数据库成功\n");                    // 输出成功信息
    }

    char * sql =
        "INSERT INTO EMP(EMPNO, ENAME, JOB, HIREDATE, SAL, DEPT)"
        "VALUES(?, ?, ?, ?, ?, ?);";

    sqlite3_stmt * stmt;
    rc = sqlite3_prepare_v2(db, sql, - 1, &stmt, 0);

    if (rc != SQLITE_OK) {
      fprintf(stderr, "SQL 错误: % s\n", sqlite3_errmsg(db));
      sqlite3_close(db);
      return 1;
    }

    int empno = 1001;
    char * ename = "张三";
    char * job = "销售员";
    char * hiredate = "2022 - 01 - 01";
    double sal = 3000.00;
    char * dept = "销售部";

    sqlite3_bind_int(stmt, 1, empno);
    sqlite3_bind_text(stmt, 2, ename, - 1, SQLITE_TRANSIENT);
    sqlite3_bind_text(stmt, 3, job, - 1, SQLITE_TRANSIENT);
    sqlite3_bind_text(stmt, 4, hiredate, - 1, SQLITE_TRANSIENT);
    sqlite3_bind_double(stmt, 5, sal);
    sqlite3_bind_text(stmt, 6, dept, - 1, SQLITE_TRANSIENT);

    rc = sqlite3_step(stmt);

    if (rc != SQLITE_DONE) {
      fprintf(stderr, "插入数据失败: % s\n", sqlite3_errmsg(db));
      sqlite3_close(db);
      return 1;
    }

    sqlite3_finalize(stmt);
    sqlite3_close(db);
    return 0;
}
```

上述代码与查询的代码比较类似,注意,绑定参数时使用了 SQLITE_TRANSIENT 方

式,它与 SQLITE_STATIC 区别如下:

(1) SQLITE_TRANSIENT 用于绑定那些由程序生成并拥有的参数值,比如字符串常量或者动态分配的内存。使用这个标记的参数会在语句执行后被自动释放,因此程序不需要手动释放内存,这是一个很方便的功能。

(2) SQLITE_STATIC(静态绑定)用于绑定那些在执行语句期间不会被改变的参数值,比如字符串常量。使用这个标记的参数会在语句执行期间一直保留在内存中,并且不会被释放。因此,如果使用这个标记绑定一个动态分配的内存,则可能会导致内存泄漏问题。

14.5.4 更新员工数据

微课视频

更新操作与插入操作的流程是类似的,只是它们 SQL 语句不同而已,下面对刚才插入的数据进行更新。

具体实现代码如下:

```c
// 14.5.4   更新员工数据
#include <stdio.h>
#include "sqlite3/sqlite3.h"

int main() {
  sqlite3 * db;
  char * zErrMsg = 0;
  int rc;

  rc = sqlite3_open("db/scott_db.db", &db);
  if (rc) {
    printf("无法打开数据库: %s\n", sqlite3_errmsg(db));
    return 0;
  } else {
    printf("打开数据库成功\n");
  }

  char * sql = "UPDATE EMP SET SAL = ?WHERE ENAME = ?";

  sqlite3_stmt * stmt;
  rc = sqlite3_prepare_v2(db, sql, -1, &stmt, 0);
  if (rc != SQLITE_OK) {
    fprintf(stderr, "SQL 错误: %s\n", sqlite3_errmsg(db));
    sqlite3_close(db);
    return 1;
  }

  char * ename = "张三";
  double sal = 5000.00;

  sqlite3_bind_double(stmt, 1, sal);
  sqlite3_bind_text(stmt, 2, ename, -1, SQLITE_TRANSIENT);
```

```
    rc = sqlite3_step(stmt);
    if (rc != SQLITE_DONE) {
        fprintf(stderr, "更新数据失败: %s\n", sqlite3_errmsg(db));
        sqlite3_close(db);
        return 1;
    }

    sqlite3_finalize(stmt);
    sqlite3_close(db);

    printf("更新数据成功!\n");
    return 0;
}
```

将上述示例代码与插入示例代码相比较，读者会发现，它们的差别主要是 SQL 语句不同，其他代码在这里不再赘述。

14.5.5　删除员工数据

微课视频

删除员工数据的示例代码与插入和更新员工数据的示例代码非常相似，差别也只是 SQL 语句不同而已。下面将在 14.5.3 节插入的数据进行删除，相关代码如下：

```
// 14.5.5 删除员工数据

#include <stdio.h>
#include <stdlib.h>
#include "sqlite3/sqlite3.h"

int main() {
    sqlite3 * db;
    char * zErrMsg = 0;
    int rc;
    const char * sql;
    sqlite3_stmt * stmt;

    rc = sqlite3_open("db/scott_db.db", &db);

    if (rc) {
        fprintf(stderr, "无法打开数据库: %s\n", sqlite3_errmsg(db));
        return 0;
    } else {
        fprintf(stdout, "打开数据库成功\n");
    }

    sql = "DELETE FROM EMP WHERE ENAME = ?";

    rc = sqlite3_prepare_v2(db, sql, -1, &stmt, NULL);

    if (rc != SQLITE_OK) {
        fprintf(stderr, "SQL 错误: %s\n", sqlite3_errmsg(db));
```

```
        sqlite3_close(db);
        return 0;
    }

    const char * ename = "张三";

    sqlite3_bind_text(stmt, 1, ename, -1, SQLITE_TRANSIENT);

    rc = sqlite3_step(stmt);

    if (rc != SQLITE_DONE) {
        fprintf(stderr, "删除数据失败: %s\n", sqlite3_errmsg(db));
        sqlite3_close(db);
        return 0;
    } else {
        fprintf(stdout, "删除数据成功\n");
    }

    sqlite3_finalize(stmt);
    sqlite3_close(db);
    return 0;
    }
```

上述示例代码与插入和更新示例代码相比较,读者会发现它们的差别主要是 SQL 语句不同,其他代码在这里不再赘述。

14.6　动手练一练

编程题

首先,设计一个学生表,包含若干字段,然后编写 C 语言程序对学生表实现增、删、改和查操作。

附录 A

动手练一练参考答案

第1章　直奔主题——编写你的第一个 C 语言程序

编程题

(1) 答案(略)　　　(2) 答案(略)

第2章　C 语言基本语法

1. 选择题

(1) 答案：A　　　(2) 答案：BCDE

2. 判断题

(1) 答案：对　　　(2) 答案：错　　　(3) 答案：错　　　(4) 答案：对

(5) 答案：对

第3章　数据类型

1. 选择题

(1) 答案：D　　　(2) 答案：C　　　(3) 答案：A　　　(4) 答案：C

2. 判断题

(1) 答案：对　　　(2) 答案：错

3. 编程题

答案：(略)

第4章　运算符

1. 选择题

(1) 答案：BD　　　(2) 答案：C　　　(3) 答案：D　　　(4) 答案：A

2. 判断题

(1) 答案：错　　　(2) 答案：错

第5章　条件语句

1. 选择题

(1) 答案：A　　　(2) 答案：B

2. 判断题

(1) 答案：错　　　(2) 答案：错　　　(3) 答案：对

3. 编程题

答案：（略）

第 6 章　循环语句

1. 选择题

（1）答案：C　　　（2）答案：A　　　（3）答案：D　　　（4）答案：B

2. 判断题

（1）答案：对　　　（2）答案：对

3. 编程题

答案：（略）

第 7 章　数组

1. 选择题

（1）答案：B　　　（2）答案：A　　　（3）答案：BD

2. 判断题

（1）答案：错　　　（2）答案：错

3. 编程题

（1）答案：（略）　　　（2）答案：（略）

第 8 章　指针

1. 选择题

（1）答案：A　　　（2）答案：AB

2. 判断题

（1）答案：对　　　（2）答案：错

3. 编程题

答案：（略）

第 9 章　字符串

1. 选择题

（1）答案：ABC　　　（2）答案：AB　　　（3）答案：ABC

2. 判断题

答案：对

3. 编程题

答案：（略）

第 10 章　用户自定义数据类型

1. 选择题

（1）答案：B　　　（2）答案：A　　　（3）答案：A　　　（4）答案：C

（5）答案：A

2．判断题

（1）答案：错　　　　（2）答案：对　　　　（3）答案：对　　　　（4）答案：对

（5）答案：对

3．编程题

答案：（略）

第 11 章　函数

1．选择题

（1）答案：ABCD　　（2）答案：A　　　（3）答案：ABD

2．判断题

（1）答案：对　　　（2）答案：对

3．编程题

（1）答案：（略）　　（2）答案：（略）

第 12 章　内存管理

1．选择题

（1）答案：D　　　（2）答案：C　　　（3）答案：CD　　　（4）答案：B

（5）答案：A

2．编程题

答案：（略）

第 13 章　文件读写

1．选择题

（1）答案：A　　　（2）答案：A　　　（3）答案：C

2．判断题

（1）答案：对　　　（2）答案：对　　　（3）答案：对　　　（4）答案：错

第 14 章　数据库编程

编程题

答案：（略）